착한 마카롱

김민정 지음

엄마의 프랑스 쿠키
착한 마카롱

제1판 1쇄 발행 | 2013년 10월 4일
제1판 7쇄 발행 | 2018년 1월 30일

지 은 이 | 김민정
펴 낸 이 | 박성우
디 자 인 | 정해진, 사이먼
펴 낸 곳 | 청출판
주　　소 | 경기도 파주시 문발동 594-10 1F
전　　화 | 070)7783-5685
팩　　스 | 031)945-7163
전자우편 | sixninenine@daum.net
등　　록 | 제406-2012-000043호

ISBN | 978-89-92119-40-5 13590

※파본이나 잘못된 책은 바꿔 드립니다.

아이들이 좋아하는 마카롱

알록달록 예쁜 마카롱.

누구라도 그 색깔과 모양에 반하게 된답니다. 이렇게 예쁠 수 있다니 과연 어떤 맛일까? 바스락한 듯 폭신하고, 쫀득한 듯 부드러운 식감 속에 달콤한 필링의 맛이 숨어 있는 마카롱. 화려한 외모에 눈이 즐겁고, 한 입 베어 물면 파티시에가 의도한 고유의 맛과 향이 입안 가득 느껴져요. 프랑스에서는 이미 오래 전부터 디저트의 한 영역으로 자리잡은 마카롱이지만 우리나라에서는 여태 달고 비싸기만 하다고 인식되어 왔어요. 하지만 최근에는 마카롱 전문샵은 물론이고, 카페 필수 메뉴로 그 인기가 하늘을 찌르고 있어 점점 대중화되고 있어요.

화려한 외모와는 달리 마카롱에 들어가는 재료는 간단해요. 아몬드, 설탕, 계란 흰자 세 가지 재료만으로 만들어집니다. 하지만 간단한 재료와는 달리 만드는 방법과 테크닉에 따라서 맛과 모양이 판이하게 달라질 수 있기 때문에 생각처럼 쉽게 만들어지지 않고 어렵다고 알려져 있습니다. 하지만 마카롱의 인기와 함께 직접 만들어 보려는 호기심이 많아 졌고, 이런 호기심과 함께 시작된 마카롱 만들기의 도전은 싸움 그 자체라고 할 수 있죠. 싸움이라는 표현이 너무나 잘 어울릴 만큼 만들기가 까다롭기 때문입니다. '애증의 마카롱이다, 도도한 마카롱이다' 라고 할 정도의 수식어가 따라다니지만 잘 만들어 졌을 때의 성취감은 이루어 말할 수 없는 감격이기에 마카롱 만들기에 대한 도전은 계속될 것이라 생각해요. 저 역시 이런 마카롱 만들기의 매력에 빠져 도전했고, 초기에는 수없이 좌절했답니다. 하지만 포기하지 않고, 더 많이 공부하고 만들기를 거듭하면서 저만의 레시피와 방법을 찾게 되었어요. 까다롭긴 하지만 몇 가지 중요한 포인트만 잘 잡으면 생각보다 어렵지 않게 만들 수 있다는 사실을 알게 된 것이지요. 그렇게 클래스까지 운영하면서 마카롱에 푹 빠져 몇 년의 시간을 보내게 되었습니다.

어느 날 마카롱을 만드는 모습을 옆에서 지켜보던 아들이 묻더군요. "엄마는 마카롱이 그렇게 좋아? 난 엄마가 만드는 마카롱이 제일 좋아" 라며 웃는 아이를 보면서 마카롱 만들기의 성취감과는 다른 마음이 따뜻해지는 감사함을 느꼈어요.

'그래, 아이들을 위한 마카롱을 만들어야 겠다' 라고 생각하게 된 것도 그 때 이후였던 것 같아요. 그 동안의 마카롱은 홍차나 녹차, 커피 등의 어른 취향이거나 우리나라에선 접하기 힘든 프랑스나 서양 재료의 맛이 가득 담긴 이국적인 맛의 마카롱이었기에 아이들에게는 조금 멀게 느껴질 수도 있겠다 싶었어요. 그래서 쉽게 구할 수 있고 영양가가 풍부한 우리 과일과 채소를 이용해서 마카롱을 만들기 시작했어요. 물론 기본적으로 많이 접하기도 하고 아이들이 좋아하는 초콜릿과 바닐라 마카롱도 빼놓지 않았어요.

엄마의 사랑과 정성을 듬뿍 담아 만들 수 있는 '엄마의 프랑스 디저트'
엄마의 마음처럼 착한 마카롱을 만들어서 아이와 함께 맛보는 것만큼 행복한 것이 있을까요?

마카롱 만들기가 까다롭다는 선입견 때문인지 정작 마카롱 만드는 즐거움을 알기도 전에 두렵고 부담스러운 마음이 들게 되는 경우가 많아요. 처음엔 어려울 수도 있지만 차근차근 이 책으로 함께 만들다 보면 분명 맛있는 마카롱과 함께 즐기고 있는 자신의 모습을 발견하게 될 거예요. 가장 중요한 점은 즐거운 마음이 필요하다는 것. 그리고 마카롱을 성공하게 되는 순간, 그 맛은 오랫동안 잊혀지지 않을 거예요. 그렇다면 행복한 마카롱 만들기를 시작해 볼까요? 엄마들의 착한 마카롱을 응원합니다!

2013년 10월
해피해피케이크 김민정

Contents

마카롱 코크 만들기

마카롱 필링 만들기

착한 마카롱 레시피

잼 타입 마카롱 레시피

가나슈 타입 마카롱 레시피

버터크림 타입 마카롱 레시피

페이스트 타입 마카롱 레시피

두 가지 맛의 타입 마카롱 레시피

Epilogue

코크 만들기에 필요한 도구

푸드프로세서 : 마카롱의 매끈한 표면을 위해 아몬드파우더를 조금 더 곱게 갈아주기 위해 사용해요.

핸드믹서 : 힘있고 밀도가 높고 단단한 머랭을 쉽게 만들 수 있는 도구입니다.

저울 : 정확한 계량은 베이킹의 기본. 마카롱은 작은 양에도 민감하게 반응하므로 계량이 중요해요. 1g 이하로 측정이 가능한 저울을 사용하는 것이 좋아요.

타이머 : 굽는 시간과 건조 시간 등을 정확하게 지키기 위해 사용해요.

굵은 체 : 아몬드파우더를 체치기 위한 것은 너무 곱지 않은 것을 선택. 왜냐하면 아몬드파우더가 잘 내려가지 않아 억지로 누르게 되어 유분이 나올 수 있으므로 적합하지 않아요.

온도계 : 시럽의 온도를 확인할 때에는 육안으로 해도 좋지만 온도계를 사용하여 체크하는 것이 더 쉽고 확실한 방법입니다.

스텐볼 : 머랭을 올리기 위한 볼과 마카로나주를 위한 볼이 필요. 머랭을 올리기 위한 볼은 깊은 것으로, 마카로나주를 위한 볼은 주걱으로 반죽을 펼치기 위해 넓은 것이 좋아요.

냄비 : 이탈리안머랭의 시럽을 끓이는 용도. 적은 양의 시럽을 끓일 때에는 너무 크지 않은 냄비를 사용합니다.

고무주걱, 스크래퍼 : 마카로나주 용도의 고무주걱은 끝이 탄력있고 단단한 것이 좋으며, 양이 많을 때는 스크래퍼를 이용해도 좋아요.

짤주머니 : 마카롱 반죽을 담고 마카롱을 동그랗게 짤 때 사용하는 도구입니다.

원형깍지 : 기본 마카롱 사이즈(지름 3.5~4.5cm)는 1cm 원형깍지를 이용. 원하는 마카롱 크기에 따라 맞는 사이즈를 선택해요.

테프론시트 : 마카롱을 구울 철판 위에 올려 사용. 종이 호일은 종이에 의한 수분 때문에 주름이 생길 수 있어 마카롱의 모양이 찌그러질 수 있어요. 테프론시트를 사용하는 것이 작업성과 좋은 결과물이 나와요. 사용 후에는 세척하고 물기를 제거하여 보관합니다.

식힘망 : 마카롱 코크가 구워서 나오면 테프론시트 그대로 식힘망에 옮겨 코크를 식히는 데에 사용해요.

필링 만들기에 필요한 도구

핸드블렌더 : 재료를 곱게 갈아 섞어주는 도구. 페이스트 타입의 필링을 만들거나 유화가 덜 된 가나슈를 유화시킬 때 유용한 도구로, 깊은 용기
와 함께 사용합니다.

고운 체 : 크림을 만들 때 불순물을 걸러내는 도구로 곱고 촘촘한 것을 사용해요.

깊은 내열 용기 : 가나슈를 유화하거나 핸드블렌더를 사용하여 재료를 곱게 갈 때 사용. 내열 용기이므로 생크림이나 액체 재료를 데울 때에도
사용하기 좋아요.

스텐볼 : 필링을 만들 때 각각의 상황과 크기를 고려하여 다양한 크기의 스텐볼을 선택하여 사용합니다.

냄비 : 잼을 끓이거나 페이스트 필링을 만들 때 재료를 익히고 조리는 도구. 열전도율이 좋은 동냄비는 잼을 끓이거나 프랄리네를 만들 때 좋
아요.

고무주걱 : 고무주걱은 볼의 재료를 알뜰하게 긁어 담을 때 사용하는 베이킹의 필수 도구. 큰 것과 작은 것을 모두 준비하여 필요에 따라 사
용합니다.

손 거품기 : 날이 탄탄하고 촘촘한 것이 좋아요.

짤주머니 : 필링을 채워 줄 때 사용. 단단한 점도의 필링을 짤 때에는 튼튼한 짤주머니를 사용하는 것이 좋아요.

원형깍지 : 필링은 종류에 따라 0.8cm 또는 1cm의 원형깍지를 사용합니다.

마카롱이 우리나라에서 유행하게 된 것은 불과 몇 년 전. 어떤 사람들은 반짝 지나가는 유행쯤으로 생각할 수도 있겠지만 유럽에서는 역사가 오래된 클래식 디저트의 한 영역입니다. '빠뜨아슈를 이용한 에클레어와 파리브레스트처럼, 머랭을 이용한 케이크인 몽블랑처럼, 조콩드와 커피 버터크림 가나슈로 만들어진 오페라처럼' 전통 디저트이며 현재까지 이어지고 있죠. 그리고 계속 재해석되고 있는 현대적인 디저트이기도 합니다.

우리가 알고 있는 크림이나 가나슈를 품은 매끈한 표면과 화려한 색상의 마카롱은 프랑스 파리지역의 마카롱으로 '마카롱 파리지엥 Parisien 또는 마카롱 리스 Lisse' 라고 불려요. 16세기 피렌체 귀족 메디치 가문의 카트린이 프랑스 국왕 앙리 2세와 결혼하면서 혼수품 중 마카롱이 있었고, 그 계기로 마카롱이 프랑스에 유입되었다고 합니다. 이후 마카롱은 프랑스 다양한 지방으로 퍼져 각기 다른 맛과 모양으로 발전하게 되었어요. 모양과 식감은 모두 다르지만 마카롱의 주재료인 아몬드파우더, 설탕, 계란 흰자를 사용하여 만들었습니다. 이렇게 역사가 깊은 마카롱이지만 우리나라 디저트 시장에 처음 소개되었을 때에는 반응이 좋지만은 않았어요. 만들기가 까다롭기도 했지만 판매까지의 관리가 섬세하게 연결되어야 하는 마카롱 특유의 특성에 대한 이해가 부족해서 결국 소비자에게는 달고 비싸기만 한 작은 디저트라고 인식되었던 것이죠. 다행히 지금은 훨씬 수준 높은 마카롱을 만드는 샵이 생기면서, 그로 인해 마카롱에 대한 인식이 좋아지고 있고, 선택의 폭이 다양해져서 입맛에 맞는 마카롱을 맛 볼 수 있는 시장으로 성장하고 있어요.

마카롱은 동일한 레시피로도 셰프의 '만드는 방식에 따라, 혹은 필링에 따라, 숙성 정도에 따라' 다른 식감을 낼 수 있기 때문에 다양한 마카롱을 맛보는 것은 큰 공부가 될 수 있어요. 작고 화려한 외모의 마카롱 이외에도 두툼하고 큰 사이즈의 두 가지 맛을 가진 마카롱이 있는가 하면, 작고 못생겼지만 쫀득한 식감이 너무나 매력적인 마카롱도 있어요. 셰프 고유의 취향이나 혹은 샵의 컨셉, 판매 형태에 따라 다양한 마카롱이 만들어지고 있어요.

또한 이제는 직접 만들고자 하는 호기심도 높아져 집에서 직접 만들어 보거나 클래스를 통해 마카롱을 배우는 사람들도 점점 증가하고 있어요. 이처럼 현재 국내 디저트 시장에서 마카롱의 인기는 정말 최고가 아닐까 생각해요. 우리나라에서도 마카롱이 달콤한 디저트의 대명사로 불릴 만큼 다양해지기를 기대합니다.

정성스럽게 하나씩 하나씩 마카롱을 만드는 시간은 너무나 행복합니다. 반죽을 만들어 오븐팬에 짜주고 오븐에 넣어줍니다. 마카롱이 구워지는 10분 정도의 시간 동안 오븐을 떠날 수 없어요. 시간이 조금 지나 예쁘게 올라오는 피에의 모습에 마음이 설레이는 건 마카롱을 만들어 본 사람이라면 누구나 공감하실 거예요. 구운 마카롱을 쪼르륵 짝을 맞추어 줄을 세우고 필링을 듬뿍 넣어요. 몽따주 하는 손 끝에는 조심스러움과 두근거림이 가득하죠. 마카롱은 맛보는 즐거움 만큼이나 만드는 시간이 너무나 행복한 힐링 디저트입니다.

아이와 함께 만드는 마카롱

그 동안 아이에게 마카롱을 만들어만 주었다면 함께 만들어 보는 시간도 가져보세요. 요리 활동은 아이들에게 감각 훈련과 집중력, 관찰력을 키울 수 있는 유익한 활동이에요. 마카롱을 만들 때마다 탁자에 매달려 호기심 가득한 눈빛으로 바라보는 시선이 느껴진다면 과감히 주걱을 아이에게 넘겨주세요. 어렵지 않게 마카롱을 만들어 낼 거예요. 혹시 망치더라도 괜찮아요. 우리들의 '착한 마카롱'은 아이와 함께 마카롱을 만들고 맛보는 순간 그 자체이니까요.

착한 마카롱

아이들을 위해 만드는 엄마의 마음이 그대로 착한 마카롱.
이름도 맛도 생소한 어려운 마카롱은 말고 친근한 맛과 재료의 착한 마카롱.
차근차근 따라하면 어렵지 않고 쉽게 만들 수 있는 착한 마카롱.

착한 마카롱

마카롱 티타임과 선물

친구들을 초대해서 근사한 오후의 티타임을 가지고 싶다면 2단 트레이에 마카롱을 셋팅해 보세요.
향기로운 홍차와 함께 맛보는 달콤한 마카롱. 더 이상 완벽할 수 없는 아름다운 티타임이 될 거예요.

예쁜 상자가 없다고 고민하지 마세요.

작은 종이컵에 마카롱을 담고 아이가 직접 쓴 메시지와 함께 리본을 묶어 포장해 보세요.

조금은 투박해 보일 수도 있지만 정성 가득한 있는 그대로의 멋진 선물이 될 거예요.

1

마카롱 코크 만들기

마카롱이 까다롭다고 말하는 이유는 바로 코크 만들기가 어렵기 때문이에요.
마카롱 코크 만들기에서 주의해야 할 포인트는 머랭, 마카로나주, 굽기 세 가지에 있어요.
어느 것 하나라도 잘못되면 완벽한 코크가 만들어지지 않아요. 그렇기 때문에 과정마다 주의해서 작업을 진행해야 합니다.
본문의 Point를 주의깊게 살펴보고, 하나씩 함께하면 완벽한 모양의 맛있는 코크를 만들 수 있어요.

마카롱 코크의 주재료

크림을 감싸고 있는 겉부분을 마카롱에서는 '쉘shell 또는 코크coque'라고 불러요.
마카롱의 맛을 결정하는 것이 '코크에 있다, 필링에 있다'라며 제각각 의견이 다르지만
분명한 것은 코크의 좋은 식감은 좋은 마카롱의 기본이 된다는 점이에요.
코크 반죽의 기본 재료는 계란 흰자, 설탕, 아몬드파우더, 슈가파우더 네 가지입니다.
재료는 단순하지만 마카롱 반죽은 쉽지 않아요.

  착한 마카롱, 엄마의 프랑스 쿠키

계란 흰자

계란 흰자는 노른자와 분리하여 냉장고에서 최소 이틀 이상의 것을 사용하는 것이 좋아요. 머랭을 낼 때 방해가 되는 지방성분이
포함되지 않아야 하므로 노른자가 섞이지 않도록 주의해서 분리해요. 또한 머랭에 방해가 될 수 있는 알끈이 풀어진 상태의 계란
을 사용합니다. 단단하고 안정된 머랭을 만들기 위해서는 계란 흰자를 PH7 정도의 중성 부근으로 맞추어주는 보조제 등을 사용
하기도 해요. 이 책에서는 보조제를 사용하지 않고 키위를 이용한 계란 흰자를 준비하여 단단한 머랭을 만들도록 합니다.

키위 흰자 만들기

1. 계란 흰자와 노른자를 분리합니다.
2. 키위를 손질하여 키위즙을 준비합니다.
3. 계란 흰자 100g에 키위즙 1g을 섞어 핸드블렌더나 푸드프로세서를 이용해 가볍게 돌려줍니다.
   (알끈이 풀어지고 잘 섞이는 정도면 좋다, 거품이 생기지 않도록 과하게 섞지 않아요)
4. 윗면에 생긴 거품을 살짝 제거한 후, 냉장고에 하루 보관한 후 사용합니다. (일주일까지 사용 가능)

설탕

일반 정백당을 사용해요. 마카롱은 수분에 민감한 제품이므로 설탕을 임의로 슈가파우더 등으로 대체하여 사용하지 않는 것이 좋
아요. 설탕은 머랭을 견고하게 만드는 역할을 하기 때문에 마카롱에 꼭 필요한 재료입니다.

아몬드파우더

아몬드파우더는 신선한 것을 사용하며, 그렇지 않을 경우 기름이 배어 나와 속이 빈 마카롱의 원인이 될 수 있습니다. 또한 100%
아몬드가 아닌 전분이 포함된 아몬드파우더 역시 마카롱 표면에 크랙을 만들 수 있기 때문에 사용하지 않는 것이 좋아요.

슈가파우더

슈가파우더는 전분이 섞인 제품과 섞이지 않은 제품으로 나누어 집니다. 습기에 약한 슈가파우더가 쉽게 굳는 것을 방지하기 위해
전분이 약간 들어간 것이 유통되는 경우가 많으므로 마카롱을 만들 때에는 전분이 섞이지 않은 슈가파우더를 사용하는 것이 좋아
요. 전분이 포함된 슈가파우더를 사용하면 마카롱 표면이 매끈하지 않고 크랙이 발생할 수 있어요.

식용 색소

마카롱의 맛이 눈으로 느껴질 수 있도록 색을 내기 위한 재료입니다. 식용 색소에는 액체나 가루 색소 등이 있으며 식용으로 허가
된 색소라면 어느 것을 사용해도 상관없어요. 대신 적은 양만으로도 진한 색상이 나타나기 때문에 아주 소량만 사용하는 것이 좋
아요. (p72 참고)

+ 식용 색소로 맛을 나타내는 것도 좋지만 필링에 들어간 견과류 등의 건조한 재료를 코크 윗면에 살짝 뿌려서 굽는 방법으로도 충
  분히 그 맛을 마카롱 외형에 나타낼 수 있어요. 색소는 꼭 필요한 곳에만 아주 조금씩 사용하는 것이 좋겠죠?
+ 키위 흰자를 준비하지 못했다면, 노른자와 분리된 상태로 일주일 정도 된 주르륵 흐르는 상태의 흰자를 사용하면 비교적 단단한
  머랭을 만들 수 있어요. 만약 이것도 준비하기 힘들다면 분리한지 최소 이틀 이상 된 흰자를 사용하되 알끈을 잘 제거하여 사용
  하세요.

시작하기 전에 준비할 것들

마카롱 패턴지 만들기

마카롱을 일정한 크기로 만들기 위한 밑작업으로 패턴지를 사전에 만듭니다. 원형깍지의 뒷쪽이나 원형자를 이용하여 지름 3.5cm(원 사이의 최소간격 1.5cm)의 원을 그립니다. 테프론시트 밑에 깔고 사용하면 마카롱 반죽을 일정한 크기로 짤 수 있어요.

아몬드파우더와 슈가파우더의 준비

아몬드파우더와 슈가파우더는 함께 계량하여 대강 섞어준 후 푸드프로세서로 곱게 갈아요. 여기서 너무 오래 갈게 되면 아몬드파우더에서 기름이 배어 나올 수 있으므로 과하게 되지 않도록 주의하세요. 함께 갈아 준 아몬드파우더와 슈가파우더는 체에 내려 준비합니다.

마카롱 필링의 준비

보통 마카롱을 만들 때에는 필링을 먼저 준비한 후 코크를 만들어요. 왜냐하면 가나슈 등의 재료는 적당히 굳기까지 시간이 필요하기 때문에 미리 만들기도 하고, 코크가 식은 후 바로 필링을 채워 마카롱을 완성해야 마카롱 코크가 불필요하게 건조되지 않기 때문입니다. 마카롱 반죽을 짜고 건조시키는 동안의 시간을 이용하여 필링을 만들어도 좋아요.

도구 준비

마카롱의 반죽은 머랭의 상태에 따라 예민한 차이를 보이게 됩니다. 그렇기 때문에 반죽을 시작하면 다른 도구를 준비하는 등의 일에 신경을 쓸 수 없어요. 짤주머니와 원형깍지(1cm), 반죽을 하기 위한 주걱과 도구들, 패턴지와 테프론시트가 깔린 오븐팬 등의 모든 도구를 완벽하게 준비한 후 마카롱 만들기를 시작하세요.

잘 만들어진 마카롱의 코크는?

1. 적당한 볼륨감을 가지며
2. 표면이 매끈하며 윤기있고
3. 반을 쪼개어 봤을때 속이 꽉 찬 마카롱 코크

마카롱의 발, 피에

마카롱 코크는 기본적으로 마카롱의 식감을 결정하는 데에 기본이 됩니다. 속이 빈 마카롱 코크는 필링을 채워 숙성 과정을 거치게 되더라도 필링의 수분이 코크에 잘 전달되지 못해서 의도한 부드러운 식감을 가지지 못해요. 마카롱의 코크는 윗면이 먼저 건조된 상태로 속이 구워지기 때문에 오븐에서 굽는 동안 팽창하는 마카롱의 내부 반죽이 윗면의 막을 뚫고 나가지 못하여 윗면이 아닌 옆으로 나오게 되는데요. 이렇게 옆으로 나오게 된 반죽을 '마카롱의 피에_{pied}' 라고 부른답니다.

피에는 마카롱 반죽 속의 수증기가 밖으로 나가는 통로가 되기 때문에 안정적인 피에의 모양은 마카롱의 외형에도 중요할 뿐 아니라 안정적인 머랭의 상태와 코크의 식감을 반영한다고도 볼 수 있어요.

피에는 프랑스어로 '발' 이라는 뜻인데, 참 재미있는 표현이죠? 그럼, 이제 우리도 발이 예쁜 마카롱을 한번 만들어 볼까요?

이탈리안머랭의 마카롱 만들기

마카롱의 코크를 만들 때에는 프렌치머랭과 이탈리안머랭 두가지 방법으로 만들어요.
각각 고유의 특징을 가지고 있기 때문에 만드는 방법의 장단점 그리고 식감의 차이 등을 고려해서 선택하는 좋아
요. 그중 먼저 만들어 볼 이탈리안머랭은 시럽을 끓여서 머랭을 올리는 방식으로 프렌치머랭보다 비교적 견고한
머랭을 만들 수 있어요. 시럽 만드는 것이 까다롭게 느껴질 수 있지만 비교적 견고한 머랭 때문에 실패율이 줄어든
다는 점이 이탈리안머랭을 만들 때의 장점이라고 할 수 있어요.

아몬드파우더 100g, 슈가파우더 100g

흰자A 36g, 흰자B 36g, 설탕 100g, 물 25g

Step1 아몬드파우더 페이스트 상태로 만들기

1. 아몬드파우더와 슈가파우더는 대강 함께 섞어 푸드프로세서에 넣고 갈아줍니다.

2. 분쇄한 아몬드파우더와 슈가파우더를 2회 체쳐 스텐볼에 담아요. (마카로나주를 위해 적당히 넓은 볼이 좋아요)

3. 색이 있는 마카롱을 만들 경우 계량한 흰자A에 색소를 잘 섞어요.

4~5. 체친 가루에 흰자A를 한 번에 모두 붓고, 주걱으로 잘 섞어 페이스트 상태로 만듭니다.

Point

1. 아몬드파우더와 슈가파우더를 과하게 갈면 아몬드파운더의 기름이 나와 마카롱 표면에 기름기가 배어 나올 수 있으니 과하지 않도록 주의하세요. (입자가 조금 작아지고 유분이 느껴지지 않는 보송한 상태가 좋아요)

2. 주걱으로 흰자와 가루를 섞을 때 지나치게 치대면 아몬드파우더의 유분이 배어 나올 수 있으므로 완전히 잘 섞인 상태가 되면 그만! 과하게 치대지 않도록 합니다. (마카롱 표면에 유분 얼룩이 생길 수 있어요)

3. 색소를 넣을 때 페이스트 상태의 반죽에 머랭이 섞이면 색이 밝아질 것을 예상하고 생각한 색상보다 진하게 만들어 주세요. (식용 색소는 아주 적은 양으로도 색이 진하게 날 수 있으므로 나무꼬지 등에 조금만 찍어서 넣어주세요)

Step2 머랭 만들기

1. 흰자B를 준비하고(p43 참고), 중속으로 거품을 내기 시작합니다.

2. 시럽을 넣기 전까지 휘핑하여 가볍게 머랭을 올려둡니다.

3. 냄비에 설탕과 물을 함께 담아요.

4. 냄비의 시럽이 118도가 될 때까지 끓입니다.

5. 약하게 올린 흰자 머랭볼 가장자리에 118도의 시럽을 조금씩 부어 볼을 타고 흐르도록 하고, 핸드믹서를 고속으로 머랭을 올려
   줍니다. 시럽을 붓는 속도는 가는 실이 떨어지듯 천천히 합니다.

6. 시럽이 모두 들어가면 핸드믹서를 저속으로 내려서 충분히 휘핑하여 밀도가 높은 머랭을 만들어요.

7. 볼 밑면을 만져서 미지근한 정도까지 진행합니다.

8. 완성된 이탈리안머랭.

Point

1. 시럽은 전체가 끓어올랐다가 보글거리는 속도가 느려지고 끈적한 느낌이 들면 118도가 됩니다. (정확도를 위해서 온도계를 사
   용해요)

2. 시럽을 끓일 때 설탕의 결정화를 방지하기 위해 절대로 젓지 않아요.

3. 시럽을 끓일 때 불꽃의 크기는 냄비의 바닥을 넘지 않도록 하세요. (냄비 옆면 쪽의 시럽이 먼저 타 버릴 수 있어요)

4. 냄비의 잔열로 시럽의 온도가 계속 오를 수가 있으니 118도가 되면 바로 사용합니다.

Step3 **마카로나주**Macaronage

1. 완성된 머랭을 한 주걱 떠서 페이스트 상태의 반죽에 섞어줍니다.

2. 고무주걱을 이용해 균일하게 잘 섞고,

3. 나머지 머랭을 모두 넣고 섞어요.

4. 잘 섞인 상태. (윤기가 없고 보송보송한 반죽의 상태 확인)

5. 마카로나주를 시작해요. (머랭을 가라앉히고 반죽을 부드럽게하여 마카롱의 식감을 만드는 작업)
   반죽을 볼의 벽쪽에 누르듯 붙여서 머랭을 가라앉힙니다.

6. 반죽을 가운데로 모아서 상태를 봅니다.

7. 다시 반죽을 볼의 벽쪽에 누르듯 붙여서 머랭을 가라앉히고, 5~6의 과정을 적당한 반죽 상태가 될 때까지 반복해요.

8. 마카로나주 완성. (반죽에서 윤기가 느껴지며, 반죽을 볼의 가운데로 모았을 전체적으로 경계선 없이 매끈하게 퍼지는 점도를
   확인합니다. 혹은 주걱을 들어올려 반죽이 끊기지 않고 흐르는 점도가 되면 완성)

Point

1. 고무주걱은 무른 것보다 단단한 것을 사용해요. 2배합 이상을 한 번에 할 때에는 스크래퍼를 사용하면 편해요.

2. 페이스트 반죽과 머랭을 처음 섞을 때는 볼의 바닥 부분부터 들어올리듯 섞으면 골고루 잘 섞입니다. 단단한 페이스트는 바닥
   부터 잘 섞어주지 않으면 잘 섞이지 않을 수 있으니 주의하세요.

3. 마카로나주 횟수에 대한 질문을 받을 때가 많아요. 마카로나주는 횟수보다 상태가 중요하기 때문에 완성된 반죽의 상태를 보고
   감을 익히는 것이 가장 중요해요. 반죽을 동그랗게 짰을 때 꼬리가 생기지 않고 매끈하게 살짝 퍼지며, 어느 정도 볼륨감을 가지
   는 정도가 좋아요.

Step4 마카롱의 굽기

1. 반죽을 짤주머니(1cm 원형깍지 사용)에 담아서 테프론시트 위에 일정한 간격과 크기로 짜줍니다. (준비한 패턴지 p44를 이용
   하면 일정한 크기와 간격으로 반죽을 짤 수 있어요)

2. 오븐팬 밑면을 손바닥으로 '탕탕' 쳐서 마카롱 반죽의 큰 기포를 터뜨리고 표면을 평평하게 해요.

3. 테프론시트 밑에 패턴지를 제거합니다.

4. 반죽의 윗면에 얇은 막이 형성될 때까지 실온에서 건조시켜요. 손에 묻어나지 않고, 안쪽은 부드러운 탄력이 느껴지면 건조가
   완료된 것입니다. (실내 습도에 따라 30분~1시간)

5. 예열된 오븐에 넣고 구워요(160도 오븐에서 10분, 본인의 오븐에 따라 조정하세요). 보통 2~3분쯤 지나면 피에가 나타나기
   시작합니다.

6. 굽기가 완료된 마카롱은 바로 테프론시트에서 떼어내지 않고 식힘망에 옮겨 식혀요.

7. 마카롱을 테프론시트에서 떼어냅니다(깨끗하게 떨어지면 잘 익은 것). 표면에 얇은 막이 생기고 속이 비어있지 않은 꽉 찬 마카
   롱이 잘 된 마카롱 코크입니다.

Point

1. 테프론시트 아래에 미리 만들어둔 패턴지(p44)를 깔아주세요.

2. 테프론시트나 실리콘시트 대신에 종이 호일, 유산지 등을 사용하면 건조되는 동안 마카롱의 동그란 형태가 변형될 수 있고, 피에가 나오는 중에도 간혹 종이에 붙어서 찌그러지는 경우가 생겨요. 완성도 있는 마카롱을 위해서는 테프론시트 또는 실리콘시트를 사용하세요.

3. 마카롱의 피에는 반죽이 구워지면서 미리 건조되어, 막이 형성된 윗면으로 나가지 못하는 반죽이 상대적으로 약한 옆면으로 나오는 것을 말합니다. 흔히들 마카롱의 '통풍구'라고 이야기하지요. 마카롱의 발 피에는 머랭의 종류, 상태 그리고 기타 조건들에 따라서 조금씩 다른 모양을 가지게 됩니다.

4. 160도로 예열된 오븐에서 10분을 기준으로 하여 본인의 오븐에 맞게 조절하세요. 너무 색이 진하게 나는 경우는 140~150도로 온도를 내리고 조금 더 오래 구워보세요.

5. 마카롱의 표면은 실내 습도에 따라 30분에서 최대 1시간이면 충분히 건조됩니다. 마카로나주가 과할 경우 1시간이 지나도 표면이 잘 마르지 않아요. 오랜 시간 표면이 마르지 않는 반죽은 실내 습도보다는 반죽 자체에 원인이 있을 가능성이 높아요.

코크 짜기

1. 깍지의 끝을 테프론시트에서 0.8cm 높이에 둔 후 위치를 고정하고, 3.5cm 원형이 될 때까지 반죽을 짜주세요.

2. 원하는 크기가 되면 짤주머니를 잡은 손의 힘을 뺀 후 옆으로 돌리며 반죽을 끊어서 빼주세요.

3~4. 마카로나주가 적당히 된 반죽은 적당한 볼륨을 가지며 꼬리가 자연스럽게 매끈하게 퍼지면서 사라져요.

코크 건조

건조가 덜 된 상태   건조가 완료된 상태

프렌치머랭의 마카롱 만들기

흰자에 설탕을 바로 넣어 머랭을 올리는 방식인 프렌치머랭은 '차가운 머랭' 이라고도 해요.

보통 프렌치머랭으로 만드는 마카롱은 시럽이 필요가 없고, 이탈리안머랭에 비해 과정이 심플하다는 점을 장점으로

꼽아요. 시럽을 끓이지 않는다는 것만으로도 마카롱을 처음 접하는 분들께는 쉽게 다가갈 수 있어요.

또, 특유의 쫀득한 식감을 가진 마카롱을 만들 때 프렌치머랭을 사용하기도 해요.

단, 이탈리안머랭 대비 견고하지 않기 때문에 마카로나주는 더 섬세하게 진행해 주어야 한다는 점을 잊지 마세요.

아몬드파우더 100g, 슈가파우더 100g, 흰자 65g, 설탕 65g

Step1 아몬드파우더와 슈가파우더 준비

1. 아몬드파우더와 슈가파우더는 대강 함께 섞어 푸드프로세서에 넣고 갈아줍니다.
2. 분쇄한 아몬드파우더와 슈가파우더를 2회 체쳐서 준비해요.

Step2 머랭 만들기

1. 흰자를 준비하고(p43 참고), 1/3의 설탕을 넣고 중속으로 천천히 머랭을 올리기 시작합니다.
2. 거품이 살짝 생기면 나머지 설탕을 세 번에 나누어 넣으며 고속으로 머랭을 올리고,
3. 설탕이 모두 들어가고 머랭에 볼륨감이 생기면 핸드믹서를 저속으로 내려 충분히 기포를 작게 잘라 조밀한 머랭을 만들어요.
4. 완성된 머랭. (밀도가 높고 단단하며 윤기있는 머랭이 되면 완성)
5. 머랭을 마카로나주하기 좋은 넓은 볼로 옮깁니다.

   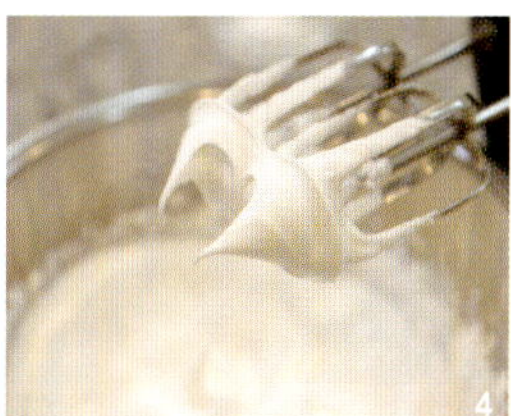

Point
1. 머랭의 상태는 부피가 크고 가벼운 머랭보다는 밀도가 높고 단단한 머랭이 좋아요.
2. 코크에 색상을 넣고 싶을 때는 머랭이 거의 완성된 후에 색소를 넣고 머랭을 완성합니다.
   (위의 머랭 만들기 3번에서 색소 추가)

Step3 마카로나주

1. 머랭을 담은 볼에 Step1에서 미리 체쳐둔 아몬드파우더와 슈가파우더를 세 번에 나누어 넣으면서 섞어요.

2. 머랭과 가루를 섞을 때에는 주걱을 세워 자르듯 섞어줍니다. 볼의 바닥에 잘 섞이지 않은 부분이 없는지 확인하면서 섞어요.

3. 매끈한 상태로 잘 섞인 모습.

4. 마카로나주를 시작합니다(머랭을 가라앉히고 반죽을 부드럽게하여 마카롱의 식감을 만드는 작업). 반죽을 볼의 벽쪽에 누르듯
   붙여서 머랭을 가라앉힙니다.

5. 반죽의 상태를 확인합니다(반죽에서 윤기가 느껴지며, 반죽을 볼의 가운데로 모았을 전체적으로 경계선 없이 매끈하게 퍼지는
   점도를 확인). 반죽의 흐르는 정도가 부족하면 4단계를 반복하여 최종 반죽을 만들어요.

Step4 마카롱의 굽기

이탈리안머랭의 마카롱 굽기와 동일해요. (p52 참고)

Point

1. 프렌치머랭의 마카롱은 이탈리안머랭의 마카롱에 비해 머랭의 힘이 약해 마카로나주가 급격히 진행될 수 있으니 상태를 좀 더
   섬세하게 체크하여 마무리합니다.

이탈리안머랭의 마카롱 VS 프렌치머랭의 마카롱

두 가지 방법의 머랭으로 마카롱 코크 반죽을 알아보았습니다.

앞으로 나오는 모든 마카롱은 두 가지 머랭 중에서 어떤 방법 으로도 만들 수 있어요.

두 가지 방법의 차이를 정확히 알고 작업 상황이나 식감의 취향에 맞게 나만의 마카롱을 만들어 보세요.

이탈리안머랭의 마카롱

프렌치머랭에 비해 부드럽고 폭신한 식감

머랭이 단단하기때문에 마카로나주에서 실패율이 낮음

빨리 건조되어 습도가 높은 날씨에 유리함

표면이 매끈하고 껍질이 두꺼움

프렌치머랭의 마카롱

이탈리안머랭에 비해 쫀득한 식감

마카로나주를 좀 더 섬세하게 진행해야 함

건조가 오래 걸림

표면이 매트하거나 약간 거칠고 껍질이 얇음

+ 이탈리안머랭과 프렌치머랭의 마카롱 코크의 식감 차이는 단순히 코크만을 비교했을 때의 일반적인 차이를 설명하고 있어요. 하지만 동일한
레시피라도 만드는 방법이나 머랭의 상태, 또는 재료의 상태나 필링에 따라서 쫀득하거나 부드러운 식감은 얼마든지 다르게 표현될 수 있으
므로 어떤 필링과 어떤 타입의 마카롱 코크를 매치하여 원하는 식감을 낼 것인지는 취향과 상황에 맞게 선택하여 결정하세요.

실패한 마카롱. 왜?

분명 제대로 했는데 실패한 마카롱.

윗면이 터지고 피에가 사라져버리고 실패의 모습이 다양한 만큼 예상해 볼 수 있는 원인도 여러가지.

'예민하다, 도도하다' 라는 마카롱이지만 원인을 알고 보완한다면 다음번엔 꼭 성공할 수 있을 거예요.

마카롱 코크 실패 원인

1. 마카롱 윗면이 터졌어요.

건조가 덜 된 상태에서 구웠을 경우 사진처럼 마카롱 윗면에 막이 형성되지 못한 상태에서 반죽이 위로 터지게
되며, 윗면이 갈라질뿐만 아니라 피에(굽는 동안 팽창한 반죽이 윗면의 막을 뚫고 나가지 못해 옆으로 나오게
되는 현상) 또한 생기지 않아요. 또한 밑불이 너무 셀 경우에도 이런 문제가 발생할 수 있는데, 이럴 때는 오븐
팬을 하나 덧대어서 아랫열을 조절합니다.

2. 표면에 주름이 생겼어요.

마카로나주가 과했을 경우 생기는 현상. 마카로나주는 마카롱의 모양과 식감을 결정짓는 중요한 작업입니
다. 너무 덜하게 되거나 과하게 되면 우리가 원하는 마카롱을 만들지 못하게 됩니다. 마카로나주가 과하게 되
면 코크가 납작하고 퍼지는 모양을 갖게 되며, 사진처럼 표면에 주름이 생길 수 있어요. 또는 전분이 포함된
아몬드파우더나 슈가파우더를 사용했을 경우에도 주름이 생길 수 있어요.

3. 표면에 꼬리가 생기고 광택이 없어요.

마카로나주가 부족했을 때 생기는 현상입니다. 마카로나주가 적당히 되면 윗면이 매끈하게 적당히 퍼지는 질
감이 되고, 그러면 자연스럽게 꼬리도 없어지고 표면이 매끈한 마카롱이 만들어 질 수 있어요. 테프론시트에
반죽을 짰을 때 반죽 표면이 매끈하게 살짝 퍼지지 않고, 마카로나주가 덜 된 것이 느껴진다면 다시 반죽을
볼에 담아서 마카로나주를 조금 더 진행하고 짜주세요.

마카롱 코크 실패 원인

4. 마카롱 표면에 기름 얼룩이 생겼어요.

아몬드파우더가 오래된 것을 사용했을 경우, 아몬드파우더를 실온에 오래 방치했을 경우, 아몬드파우더와 슈가파우더를 푸드프로세서에 갈 때 너무 과하게 하여 아몬드의 유분이 나왔을 경우, 마카로나주가 너무 과했을 경우 등 다양한 원인으로 생길 수 있는 현상입니다. 표면에 유분이 보이고 눌렀을 때 쉽게 부서지는 표면을 갖게 된 마카롱은 식감 또한 좋지 않기 때문에 재료를 다룰 때 좀 더 조심해 주세요.

5. 속이 빈 마카롱.

가장 흔한 실패인 속이 빈 마카롱은 마카로나주가 과하거나 덜 되었을 경우, 오래된 아몬드파우더를 사용하여 기름이 나온 경우, 머랭의 부피가 크고 입자가 거친 경우, 굽는 시간이 부족하여 덜 익었을 경우에도 발생할 수 있어요. 덜 익은 경우에는 오븐의 온도나 굽는 시간을 늘려주고, 아몬드파우더는 신선한 것으로 교체하세요. 또한 적절한 마카로나주는 마카롱 코크를 만드는 아주 중요한 포인트이므로 잘 익혀 두는 것이 중요합니다.

6. 피에가 한쪽으로 치우쳐요.

잘 관리되지 못한 아몬드파우더를 사용했을 경우 머랭과 가루를 섞는 과정에서 반죽의 무게가 가볍게 느껴지는 경우가 있어요. 머랭과 가루를 섞었을 때 평소에 비해 반죽이 너무 가볍게 느껴진다면 아몬드파우더에 문제가 있을 수 있어요. 유분이 많은 아몬드파우더는 반죽을 가볍게 하고, 굽는 동안 피에가 한쪽으로 치우치며 속이 빈 마카롱을 만드는 원인이 됩니다.

"엄마 이 마카롱에선 꽃향기가 나요!"

아이들과 마카롱 전문점에 가보세요.

장미 꽃잎이 올라간 우아한 이스파한이 사진도 찍어보기 전에

포크에 '푸욱' 찔리는 모습을 눈앞에서 보는 것은 무척 가슴 아픈 일이겠지만,

1%의 가식도 꾸밈도 없는 아이들의 맛에 대한 평가와 즐거운 미식 경험은 또 다른 즐거움이에요.

"엄마 이 마카롱에선 꽃향기가 나요!"

"가운데 쫄깃한 건 뭐예요?"라며 즐거워하는 모습에 얼마나 행복한지 몰라요.

 착한 마카롱, 엄마의 프랑스 쿠키

PART

2

마카롱 필링 만들기

마카롱의 다양하고 특별한 맛을 결정짓는 필링.

마카롱의 필링은 크게 잼 타입, 가나슈 타입, 버터크림 타입, 페이스트 타입이 있어요.

맛을 내고자 하는 재료와 원하는 식감, 그리고 맛의 밸런스에 따라 원하는 필링으로 마카롱을 만듭니다.

타입별로 각각의 필링을 만드는 방법을 대표 레시피로 살펴본 후 정확히 익혀두면, 어떤 타입이라도 쉽게 응용할 수 있어요.

마카롱 필링의 주재료

잼 타입 필링의 주요 재료

과일 : 과일은 신선한 것으로 준비. 제철 재료가 없을 경우 냉동과일 등으로 대체해요. 과일이 가진 고유의 수분량에 따라서 잼을 조리는 시간
　　과 추가되는 수분량이 달라집니다.

설탕 : 잼의 단맛을 높이고 점도를 만들어 주는 역할을 하며, 잼의 보존성을 높이는 역할도 합니다.

펙틴 : 잼의 점도를 높여주는 역할을 합니다. 쉽게 덩어리가 생길 수 있으므로 소량의 설탕과 잘 섞어두었다가 사용해요.

레몬즙 : 생레몬즙을 사용. 새콤한 맛을 더하고 과일이 갈변되지 않도록 도와주는 역할을 합니다.

물엿 : 보습의 역할을 해서 잼을 촉촉하게 해 주며 설탕보다 달지 않아서 당도를 조절합니다.

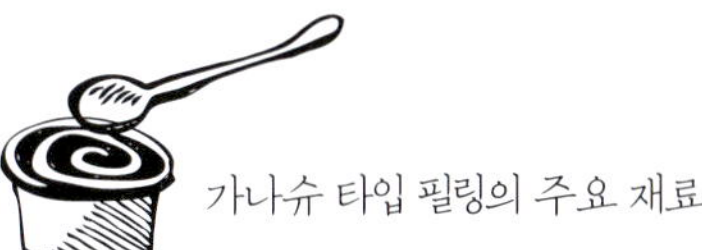

가나슈 타입 필링의 주요 재료

커버취초콜릿 : 식물성유지가 포함되지 않은 커버취초콜릿을 사용. 화이트, 밀크, 다크초콜릿이 있으며 생크림이나 과일 퓨레 등의 액체 재료
와 유화시켜서 가나슈를 만듭니다.

생크림 : 식물성 휘핑크림이 아닌 우유로 만들어진 동물성 생크림을 사용하는 것이 좋아요.

무염버터 : 소금이 첨가되지 않은 무염버터를 사용하며, 가나슈에서 버터의 역할은 가나슈의 녹는점을 낮추어 가나슈가 입안에서 부드럽게
녹는 식감을 가지는데 도움을 줍니다.

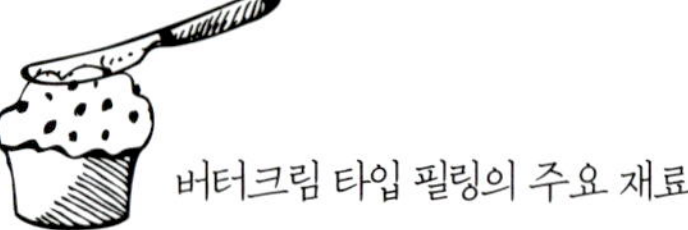

버터크림 타입 필링의 주요 재료

무염버터 : 버터크림의 주재료. 유지방 함량이 80% 이상인 천연 무염버터를 사용합니다.

우유 : 크렘 앙글레즈를 만들기 위한 우유. 크렘 앙글레즈를 기반으로 한 버터크림은 우유로 인해 고소한 맛을 가져요.

노른자 : 계란을 흰자와 노른자로 분리해서 사용. 노른자는 상하기 쉬우므로 신선한 것을 사용합니다.

설탕 : 버터크림의 단맛을 내는 역할을 합니다.

페이스트 타입 필링의 주요 재료

주재료가 되는 과일 채소 등 : 신선한 것으로 준비. 페이스트 타입의 필링은 재료 본연의 텍스쳐와 맛을 그대로 필링으로 활용하게 되므로 수분이 너무 많은 재료는 피합니다.

설탕 : 페이스트 타입의 필링에 단맛을 더해줍니다.

버터 : 버터의 고소한 풍미를 더하고, 입안에서 부드럽게 녹도록 크리미한 식감을 냅니다. 재료를 크림화하는 역할을 해요.

물엿 : 물엿은 설탕 대비 당도를 낮추며 촉촉하게 수분을 유지하는 역할을 합니다.

기타 재료

색소 : 식용 색소는 조금만 넣어도 색이 진하게 나기 때문에 나무 꼬지 등을 이용하여 소량만 넣도록 합니다.

크림치즈 : 은은하고 부드러운 맛의 치스로 크림치즈 필링을 만들 때 사용합니다.

프랄리네 : 견과류에 캐러멜을 입힌 것, 이것을 갈아낸 것을 모두 '프랄리네' 라고 합니다. 버터크림에 섞어서 사용하면 프랄리네 버터크림을
　　　　　만들 수 있어요.

견과류 : 각종 견과류 맛의 마카롱을 만들 때 사용. 곱게 갈아 페이스트 형태로 만들어 사용하거나 잘게 부수어 코크 윗면에 뿌려주기도 해요.

가루 재료(콩가루, 흑임자가루) : 다양한 맛과 향을 내는 천연 재료들입니다.

바닐라빈 : 마르지 않은 촉촉하고 통통한 것이 좋으며, 반으로 갈라서 씨를 긁어내고 사용합니다.

잼 타입의 필링 만들기

잼은 과일을 설탕과 함께 졸여서 만들기 때문에 과일 고유의 맛과 향을 그대로 지킬 수 있고,

제철 과일을 오랫동안 맛있게 즐길 수 있다는 매력이 있어요. 신선한 과일을 그대로 느낄 수 있어 맛과 향도

훌륭할뿐만 아니라 쫀득하고 수분이 많은 필링이 코크에 스며들게 되어 특유의 부드러운 식감을 가지게 됩니다.

직접 필링으로 활용해도 좋고, 버터크림에 섞어서 사용해도 좋아요.

재료는 바뀌어도 만드는 방법은 비슷하니 산딸기잼으로 잼 만들기의 기초를 익히세요.

산딸기잼으로 배우는 잼의 기초

산딸기잼(마카롱 30~35개 분량)

산딸기 187g, 설탕 105g, 물엿 30g, 펙틴 3g+설탕 15g, 레몬즙 7g

산딸기잼 만들기

1. 산딸기, 설탕 105g, 물엿을 함께 냄비에 계량합니다.

2. 그대로 30분 이상 두어 과일의 수분이 나올 때까지 재워둡니다.

3. 중불로 끓이다가 끓어오르면 불을 줄여요.

4. 펙틴과 설탕 15g을 넣어요.

5. 점도를 보아가며 약불로 조립니다.

6. 어느 정도 조려지면 레몬즙을 넣습니다.

7. 주걱으로 냄비 바닥을 긁었을 때 길이 생기는 정도의 점도가 되면 불에서 내립니다.

8. 볼에 담고 랩을 밀착하여 씌운 후 냉장고에서 식혀서 사용해요.

Point

1. 과일 위에 설탕을 뿌려 잠시 재워두면 잼을 졸이는 시간을 단축할 수 있어요.

2. 펙틴은 설탕과 잘 섞어두어야 완성된 잼에 덩어리가 생기는 것을 막을 수 있어요. 레시피에 소량의 설탕을 따로 표기해 두고 있으니 소량의 설탕과 펙틴을 잘 섞어서 준비합니다.

3. 잼의 완성 점도는 고무주걱으로 냄비의 바닥을 긁었을 때 주걱이 지나간 길이 보일 정도로 확인할 수 있어요. 길이 생기면서 천천히 길이 사라지는 정도면 완성이에요. 식히면 좀 더 되직해 질 것을 고려해서 적당한 시기에 불에서 내립니다.

4. 완성된 잼은 랩을 밀착하여 씌운 후 식혀서 사용하는데, 이 때 바로 사용하지 않고 미리 만들어 두었다 사용할 수도 있어요. 미리 만들어 두려면 잼이 완성된 직후 뜨거울 때 소독한 유리병에 담아서 뒤집어 주세요. 이렇게 하면 진공 상태가 되어 오랫동안 보관이 가능해요.

5. 생과일이 없을 경우 냉동과일로 대체 가능해요. 냉동산딸기, 냉동블루베리, 냉동딸기 등을 이용해서 잼을 만들 수 있어요.

잼 타입 필링의 마카롱

블루베리 마카롱
산딸기 마카롱
키위 마카롱
오렌지 마카롱
바나나 마카롱

가나슈 타입의 필링 만들기

가나슈Ganache는 바보, 무능한 사람을 뜻하는 말이에요.

옛날 프랑스 한 파티시에 견습생이 끓인 우유를 들고가다 초콜릿에 쏟았는데, 그 결과물이 예상외로 좋은 식감을 내어 제과에 응용하게 되면서부터 '가나슈'라고 부르게 되었어요. 가나슈는 우유나 생크림, 과일 퓨레 등 액체 재료의 수분이 초콜릿의 카카오버터와 잘 혼합되어 유화된 결과물을 말해요. 잘 유화된 가나슈는 윤기가 나고 부드러운 텍스처를 가지며, 입에서도 부드럽게 잘 녹는 좋은 식감을 가지게 된답니다.

가나슈는 버터크림과 함께 마카롱의 충전물로 가장 많이 사용되는 필링 중 하나예요. 버터크림보다 만드는 방법이 간단해 보이지만, 초콜릿의 특성과 유화의 포인트를 잘 알아야 훌륭한 식감의 가나슈를 만들 수 있어요. 기본이 되는 다크초콜릿의 가나슈로 초콜릿의 특성과 가나슈의 유화 포인트를 배워요.

다크초콜릿 가나슈로 배우는 가나슈의 기초

다크초콜릿 가나슈(마카롱 30~35개 분량)
다크커버춰 초콜릿 70g, 생크림 70g, 물엿 10g, 버터 7g

다크초콜릿 가나슈 만들기

1. 재료를 모두 준비해요.

2. 물엿을 생크림의 볼에 함께 담아요.

3. 물엿을 생크림과 함께 담아 전자레인지에 넣고 데운 후(김이 나고 가장자리가 보글보글 끓어오르는 정도, 끓어 넘치거나 지나치게 뜨거워지지 않도록 해요), 데운 생크림과 물엿을 초콜릿 볼에 모두 부어요.

4. 생크림의 온도로 초콜릿이 녹도록 잠시둡니다.

5. 가운데부터 작은 원을 그리듯이 유화시켜요.
   (안쪽부터 잘 유화된 가나슈의 매끈한 질감이 보이기 시작하면, 전체 볼에 유화된 가나슈가 확인될 때 까지 계속 작은 원으로 저어주고, 전체적으로 유화가 되면 가장자리를 정리해요)

6. 1차 유화가 잘 되면 버터를 넣고 같은 방법으로 유화시켜요.

7. 유화가 잘 되지 않을 경우 혹은 좀 더 고르게 유화시키기 위해서 핸드블렌더로 마무리합니다.

8. 완성된 가나슈는 랩을 밀착하여 씌운 후 실온에서 적당한 굳기가 될 때 까지 기다린 후, 적당한 되기가 되면 짤주머니에 담아서 사용합니다.

Point

1. 가나슈는 생크림이나 액체 재료를 끓여서 초콜릿에 부은 후 녹여 유화시키는 과정을 거쳐 만듭니다. 이 때 결과물의 온도가
   35~40도가 가장 적당하며, 그 이상이 되면 수분과 유분의 분리가 잘 일어나게 됩니다. 분리된 가나슈는 순두부처럼 몽글몽글
   한 형태를 띠게 되며, 마카롱의 숙성을 방해하여 좋지 않은 식감을 가지게 하는 원인이 되기 때문에 가나슈 유화의 개념을 충분
   히 이해하고 작업하는 것이 중요해요.

   (좌 : 분리된 가나슈, 우 : 유화가 잘 된 가나슈)

2. 가나슈는 처음 만들었을 때 점도가 낮아 마카롱 사이에 넣기에 무리가 있어 보이지만, 실온에 두어 온도가 낮아지면 사용하기
   좋은 점도가 됩니다. 흐르는 듯한 가나슈가 만들어져 실패했다고 생각하지 마세요. 잘 유화된 가나슈라면 랩을 씌워 실온에서
   기다리면 적당한 점도의 가나슈로 완성됩니다.

   (좌 : 만든 직후의 가나슈, 우 : 사용하기 좋은 가나슈 상태)

3. 유화가 깨진(분리된) 가나슈는 핸드믹서를 이용하여 다시 유화시킬 수 있어요. 혹은 유화가 깨지지 않은 가나슈도 유화의 마지
   막 단계에 핸드블렌더로 마무리하여 완벽한 유화를 만들 수 있어요. 핸드블렌더를 사용할 때에는 공기가 들어가지 않도록 볼의
   바닥면 쪽에서 사용하세요. 불필요한 기포는 식감을 저해하고, 세균의 번식 등에 노출될 수 있으니 기포가 들어가지 않도록 주
   의하세요.

매실 마카롱
가나슈 타입 필링의 마카롱
바닐라 마카롱
초콜릿 마카롱
꿀 마카롱

버터크림 타입의 필링 만들기

버터크림은 만드는 방법에 따라 조금씩 다른 맛과 식감, 그리고 기능을 가지고 있어요.
우리가 만들 버터크림은 크렘 앙글레즈를 이용해서 만드는 버터크림으로 계란과 우유의 고소한 맛을 가지고
있고, 수분이 상대적으로 많아서 충전물로 사용되는 크림으로 적당해요.
마카롱의 필링으로 다양하게 활용 가능한 버터크림은 여러가지 잼과 혼합하여 사용하거나
향신료나 차의 향을 우려내어 만들 수도 있어요.
기본 버터크림 만들기를 배워서 다양한 마카롱에 응용하여 만들어 보세요.

버터크림 만들기

버터크림(마카롱 60~70개 분량, 240g 완성, 코크 대비 2배합 분량)
우유 50g, 노른자 40g, 설탕 20g, 무염버터 160g

기본 버터크림 만들기

준비 : 분량의 실온 버터를 준비하여 거품기로 부드럽게 풀어 주세요.

1. 냄비에 설탕과 우유를 함께 계량하고, 계란 노른자는 넓은 볼에 담아둡니다.
2. 우유와 설탕이 담긴 냄비를 데워요. (냄비의 가장자리가 보글보글 올라오는 정도면 좋아요)
3. 2의 데운 우유를 노른자가 담긴 볼에 조금씩 부으면서 휘핑하여 섞어요.
4. 모두 섞인 것을 다시 냄비에 옮겨 담고, 약불에 올려 84도까지 온도를 높여요. 이 때 거품기로 계속 저어주어
   일부만 먼저 익지 않도록 합니다.

5. 완성된 크렘 앙글레즈. (약간 점성이 있는 소스같은 텍스쳐)

6. 체에 한 번 거른 후 30~35도 정도까지 식힙니다.

7. 6을 부드럽게 풀어놓은 실온 버터에 3회 나누어 넣으며 거품기로 섞어요.

8. 거품기로 빠르게 저어주어 공기 포집이 잘 된 부드러운 크림을 만듭니다.

9. 색이 밝아지고 부드러운 질감의 크림이 되면 완성.

10. 완성된 버터크림.

Point

1. 크렘 앙글레즈를 만들 때 84도는 계란이 살균이 되면서 익어서 덩어리지지 않는 온도입니다. 이를 넘게 되면 계란이 익어버려서 순두부처럼 몽글몽글한 덩어리가 생길 수 있고, 이 덩어리들은 부드러운 크림의 식감을 방해하기 때문에 84도가 넘지 않도록 주의하세요.

2. 분량을 너무 적게 하거나, 만드는 양에 비해 냄비가 너무 큰 경우에는 쉽게 익어 버릴 수 있으니 너무 소량으로 작업하지 않도록 해요. 냄비의 크기를 조절하여 적당한 농도의 크렘 앙글레즈를 만드는 것이 중요합니다.

   (레시피의 분량이 크렘 앙글레즈를 안전하게 만들 수 있는 최소 분량이므로 그 이상 만들 것을 권장합니다. 만약 완성된 버터크림의 양이 많은 것이 부담스럽다면 분량의 크렘 앙글레즈를 만든 후 완성된 양의 절반을 사용하여 무염버터 절반(80g)과 혼합, 버터크림 1배합, 120g을 완성합니다)

3. 크렘 앙글레즈와 버터를 섞는 과정에서 휘핑의 속도와 횟수에 따라 완성된 크림의 식감에 차이가 생기는데. 가볍고 부드러운 식감의 버터크림을 만들기 위해서는 휘핑을 많이 해서 크림 속에 공기를 많이 담는 것이 좋아요.

유자 마카롱   콩가루 마카롱   흑임자 마카롱

피스타치오 마카롱   헤이즐넛 마카롱   토마토 마카롱

잣 마카롱   땅콩 마카롱   치즈 마카롱

페이스트 타입의 필링 만들기

대부분의 마카롱 필링은 가나슈와 버터크림 타입이 많은 비율을 차지하지만, 페이스트 타입으로 만들었을 때 어느 정도 수분과 점도를 가지는 밤, 고구마 등의 재료들은 페이스트 그 자체 만으로도 좋은 마카롱 필링이 될 수 있어요. 가정에서 만들기도 어렵지 않고, 원재료의 맛을 고스란히 느낄 수 있어 아이들도 아주 좋아해요. 마카롱 필링으론 생각지 못했던 감자와 완두콩으로 만든 맛을 보게 된다면 깜짝 놀라게 될 거예요.

밤 페이스트 만들기를 기본으로 알아두면 어떤 페이스트 타입의 필링도 쉽게 만들 수 있어요.

밤 페이스트로 배우는 페이스트 필링의 기초

밤 페이스트(마카롱 30~35개 분량)
밤(삶아서 껍질을 제거한 상태) 150g, 물 63g, 설탕 31g, 물엿 10g, 소금 0.5g

밤 페이스트 만들기

1. 밤을 분량보다 넉넉하게 준비하여 잠길 정도의 물을 함께 냄비에 담고, 물이 끓어오르면 뚜껑을 덮어 20~30분간 삶아요. 밤이 충분히 익을 정도로 푹 삶아요.
2. 밤의 속만 빼내어 껍질과 분리합니다.
3. 익힌 밤을 분량만큼 계량하여 냄비에 담아 준비합니다.
4. 3의 냄비에 모든 재료를 함께 담아요.
5. 강불에 올려 끓어오르기 시작하면,
6. 약불로 줄여서 주걱으로 계속 저어주며 조립니다.
7. 어느 정도 밤이 부드러워지고 수분이 없어지면 주걱으로 으깨거나 핸드블렌더로 곱게 갈아줍니다.
8. 완성된 밤 페이스트.

Point

1. 재료를 익힐 때에는 물을 충분히 하고, 시간도 충분히 하여 재료가 완전히 부드럽게 익을 수 있도록 합니다. 부드러운 식감을 위해서 푹 익혀주는 것이 좋아요.
2. 직접 만든 페이스트 타입의 필링은 대부분 본래 재료가 그대로 드러나고, 수분이 많은 필링인 만큼 다른 마카롱에 비해 쉽게 물러질 수 있으므로 빨리 소진하는 것이 좋아요.

+ 생밤이 없을 경우 밤 통조림 등을 이용해도 괜찮지만, 당도가 높아질 수 있으니 설탕량을 조절하세요.

페이스 타입 필링의 마카롱
단호박 마카롱
감자 마카롱
완두콩 마카롱
옥수수 마카롱
고구마 마카롱
밤 마카롱

몽따주하기 montage[mõta:ʒ] : 조립, 맞추기, 장착

몽따주는 프랑스어로 모든 재료를 하나의 제품으로 합치는 과정을 말해요. 케이크를 만들 때 각각의 층에 들어갈 완성된 비스퀴나 크림 등을 쌓아서 조립하는 과정을 '몽따주'라고 합니다. 마카롱에서도 코크와 크림을 만들어서 조립하는 과정을 '몽따주'라고 합니다. 몽따주는 마카롱을 만들면서 가장 설레이는 순간이기도 해요. 동글동글 예쁜 코크와 필링으로 사용할 크림이 완성되었다면 이제 마카롱을 완성해 볼까요!

1. 식힘망에서 충분히 식힌 마카롱 코크를 테프론시트에서 떼어내요.

2. 크기가 같은 마카롱 코크끼리 짝을 지어 식힘망이나 유산지 위에 정렬하여 필링을 넣을 준비를 합니다. 이 때 한 줄은 뒤집어주면 제 짝을 찾기 쉬워요. 똑같은 크기로 짠 코크이지만 미세한 크기 차이가 있을 수 있으니 같은 크기의 코크끼리 짝을 맞추어 주세요.

3. 필링을 짤주머니에 담아 짤 준비를 합니다. 잼과 가나슈 타입의 경우 1cm 원형깍지에 담고, 버터크림과 페이스트 타입의 필링은 0.8cm 원형깍지에 담아주세요.

4-1. 잼과 가나슈 타입의 필링 짜기
　1cm 원형깍지에 잼 또는 가나슈를 담고 가운데에 두툼하게 짜주세요. 비교적 묽은 텍스쳐를 가지고 있기 때문에 가운데에 돔형으로 짜주어야 흐르지 않고 깨끗한 마카롱을 완성할 수 있어요. 또한 가나슈는 금방 굳는 성질을 가지므로 필링을 짜준 이후에는 반대쪽 코크를 바로 덮어주세요.

4-2. 버터크림과 페이스트 타입의 필링 짜기
　0.8cm의 원형깍지에 크림을 담고 바깥부터 원을 그리듯 안쪽으로 짜주세요. 비교적 점도가 있는 이 두 가지의 필링은 앞의 방법으로 필링을 짜면 크림이 고르게 채워지지 못하고, 옆면도 깨끗하게 마무리하기 힘들어요. 달팽이 형태로 둥글게 안쪽까지 가득 채워주세요.

4-3. 두 가지 타입의 필링 짜기
　바깥쪽의 크림은 0.8cm 원형깍지로 둥글게 짜서 가운데에 다른 필링이 들어갈 공간을 만들어요. 바깥쪽의 크림이 벽을 이루고 있으므로 가운데에는 풍미를 강하게 해줄 잼이나 묽은 가나슈 등 비교적 묽은 재료를 채우거나 식감의 재미를 주기 위한 독특한 필링 등을 채워주기도 합니다. 이 때 버터크림을 너무 안쪽으로 짜주면 충전물이 들어갈 공간이 부족하니 적당한 간격을 유지시켜 주세요.

5. 한 손에 크림이 올라간 마카롱 코크를 얹고, 나머지 코크로 뚜껑을 덮듯 손으로 살짝 눌러서 마카롱을 완성해요.

마카롱의 숙성과 보관

마카롱을 숙성시킨다는 말을 들어보셨나요? 김치도 와인도 아닌 것이 숙성이라니?

하지만 마카롱을 먹기 전에 꼭 거쳐야 하는 단계인 숙성은 마카롱 특유의 식감을 만드는 데에 중요한 역할을 합니다.

마카롱 코크를 만들어서 바로 먹으면 아몬드의 고소한 풍미가 가득한 바삭한 쿠키의 식감을 가지고 있지요. 하지만 우리가 먹게 되는 마카롱은 부드럽고 쫀득하면서 촉촉한 식감으로 쿠키보다는 케이크에 가까운 폭신함을 가지고 있어요. 이것이 바로 '숙성'이라는 과정 때문인데요. 두 개의 코크 사이에 샌드되는 크림의 수분이 코크쪽에 옮겨 가면서 바삭했던 식감이 부드럽게 바뀌는 과정을 마카롱이 숙성된다고 합니다.

마카롱의 숙성과 해동

1. 몽따주를 마친 마카롱은 1~2시간 냉장 보관하여 필링의 향이 마카롱 전체에 어우러지도록 합니다.
2. 밀폐 용기를 준비하고 완성된 마카롱을 담은 후 잘 밀봉합니다.
3. 그대로 냉장실에 24시간 보관하여 숙성시켜요.
4. 냉장 숙성을 마친 마카롱은 실온으로 옮겨 찬기가 가신 후에 먹어요.

+ 마카롱을 바로 먹지 않고 장기간 보관하려면 2번 과정 이후에 바로 냉동고에 보관합니다. 필요할 때 냉장실로 옮겨 같은 방법으로 24시간 숙성시켜요.
+ 냉동 보관의 유효 기간은 필링에 따라 다르지만 되도록 1~2주 안에 먹는 것이 좋아요.

아이와의 티타임, 엄마의 로망

베이킹이나 요리를 하는 사람들에게 가장 기쁜 순간이 언제냐고 묻는다면, '직접 만든 음식을 사람들이 맛있게 먹을 때'라고 대답할 거예요. 자신이 만든 음식을 먹으며 입가에 미소가 지어지는 걸 보는 것만큼 행복한 일이 또 있을까요? 제 아이는 엄마가 만든 마카롱이 항상 최고라며 칭찬해 줍니다. 언제나 유치원을 마치고 돌아오면 마카롱을 만들어 두었냐며 물으며 웃을 때가 가장 행복한 순간입니다. 오늘도 아이가 좋아하는 마카롱을 만들고, 아이가 오기를 기다립니다. 조그만 에스프레소 잔에 따뜻한 차를 따르고, 아끼는 2단 트레이를 꺼내어 마카롱을 올려놓아요. 마카롱을 먹으며 오늘 일과를 재잘재잘 이야기하는 아이를 보고 있으면, 제가 마카롱을 만드는 엄마인게 너무나 행복하게 느껴져요.

  착한 마카롱, 엄마의 프랑스 쿠키

3

착한 마카롱 레시피

우리 주변에서 쉽게 구할 수 있는 다양한 과일이나 채소, 견과류 등으로 만든 필링의 레시피들을 소개하고 있어요.
그 동안 알고 있었던 마카롱 파리지엥의 레시피들은 우리에게는 조금 생소한 과일이나 구하기 힘든 재료들로 되어 있는 경
우가 많았어요. 물론 그 맛 또한 매우 훌륭하지만, 우리에게 익숙한 재료로도 맛있는 마카롱을 만들 수 있다는 사실을 알려
드리고 싶어요. 익숙하면서도 새로운 맛의 마카롱 세계로 떠나요.

블루베리 마카롱 (수퍼 푸드, 수퍼 마카롱)

10대 수퍼 푸드중 하나인 블루베리는 이미 그 효능이 잘 알려져 있어요.

여름 한철 잠깐 동안만 생과를 만날 수 있다는 점이 아쉽지만 생과가 없다면

냉동블루베리로도 충분히 블루베리 마카롱을 만들 수 있어요. 마카롱이 된 블루베리의 매력에 빠져보세요.

달콤한 블루베리 잼이 쫀득한 코크의 식감과 어우러져 아이들이 정말 좋아하는 마카롱이에요.

  (마카롱 30~35개 분량)

마카롱 코크 (만드는 방법 p40)

이탈리안머랭법 : 아몬드파우더 100g, 슈가파우더 100g, 흰자A 36g / 흰자B 36g, 설탕 100g, 물 25g

프렌치머랭법 : 아몬드파우더 100g, 슈가파우더 100g, 흰자 65g, 설탕 65g ; 보라색 색소 조금

필링. 블루베리잼 (만드는 방법 p74)

블루베리 200g, 설탕 75g, 펙틴 3g+설탕 10g

블루베리 필링 만들기

1. 블루베리와 설탕75g을 냄비에 담고 잘 섞어 잠시둡니다.

2. 중불에 올려 저어주며 데우다가 끓어오르면 약불로 내려요.

3. 펙틴과 설탕 9g을 잘 섞은 후 끓고 있는 잼에 넣고 계속 조립니다.

4. 주걱으로 으깨어지지 않는 블루베리 덩어리들을 핸드블렌더로 갈아줍니다.

5. 농도를 보아 어느 정도 점성이 생기면 불에서 내리고 랩으로 씌워 식힌 후 사용해요.

몽따주

코크의 한쪽에 블루베리 필링을 짜주고 나머지 코크를 덮어 마카롱을 완성. p92를 참고하여 숙성 보관 후 먹어요.

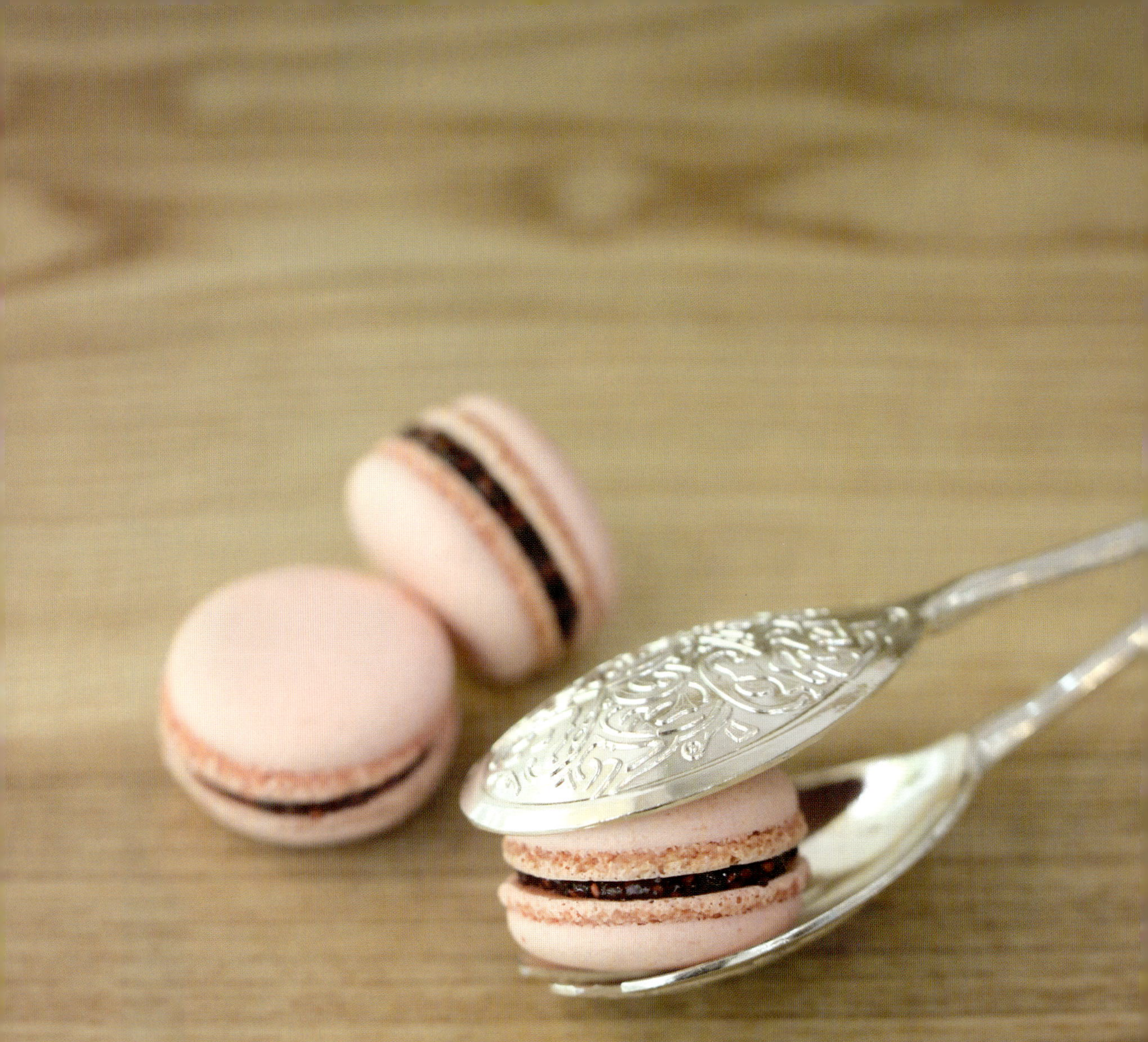

산딸기 마카롱 (새콤달콤 갓 따온 듯한 싱싱한)

새콤달콤한 산딸기잼은 산딸기씨가 톡톡 터지는 게 매력이에요.

마카롱의 속재료로 가장 많이 활용되는 산딸기잼은 마카롱에 넣었을 때

잼 타입 특유의 부드러운 식감과 산딸기의 새콤달콤함이 어울려

누구나 좋아하는 인기 마카롱이에요.

(마카롱 30~35개 분량)

마카롱 코크 (만드는 방법 p40)

이탈리안머랭법 : 아몬드파우더 100g, 슈가파우더 100g, 흰자A 36g / 흰자B 36g, 설탕 100g, 물 25g

프렌치머랭법 : 아몬드파우더 100g, 슈가파우더 100g, 흰자 65g, 설탕 65g ; 핑크색 색소 조금

필링. 산딸기잼 (만드는 방법 p74)

산딸기 187g, 설탕 105g, 물엿 30g, 펙틴 3g+설탕 15g, 레몬즙 7g

산딸기 마카롱 만들기

1. 산딸기잼을 만들어 랩을 씌워 식혀요.

2. 핑크색 색소를 더해 핑크색 마카롱 코크를 만들어 식혀요.

몽따주

코크의 한쪽에 산딸기 필링을 짜주고 나머지 코크를 덮어 마카롱을 완성. p92를 참고하여 숙성 보관 후 먹어요.

+ 생과일이 없는 계절에는 냉동산딸기를 이용하여 만들 수 있어요.

(마카롱 30~35개 분량)

마카롱 코크 (만드는 방법 p40)

이탈리안머랭법 : 아몬드파우더 100g, 슈가파우더 100g, 흰자A 36g / 흰자B 36g, 설탕 100g, 물 25g

프렌치머랭법 : 아몬드파우더 100g, 슈가파우더 100g, 흰자 65g, 설탕 65g ; 노란색 색소 조금

필링. 바나나잼 (만드는 방법 p74)

바나나 150g, 설탕 70g, 레몬즙 15g, 바닐라빈 1/4개, 펙틴 4g+설탕 10g

바나나 필링 만들기

1. 바닐라빈은 반으로 갈라 칼 등으로 씨를 긁어냅니다.

2. 바나나는 껍질을 벗겨서 작게 조각낸 후 냄비에 담고 갈변을 막기 위해 레몬즙을 뿌려둡니다.

3. 2에 바닐라빈과 설탕을 한 번에 넣고 불에 올립니다.

4. 주걱으로 바나나를 으깨고 끓어오르면 불을 줄여 약불로 조립니다.

5. 펙틴과 설탕 10g을 잘 섞어서 끓고 있는 바나나잼에 넣고 약간만 더 조려요.

6. 점도를 보고 완성해요.

7. 완성된 바나나잼.

몽따주

코크의 한쪽에 바나나 필링을 짜주고 나머지 코크를 덮어 마카롱을 완성. p92를 참고하여 숙성 보관 후 먹어요.

+ 바나나는 푸릇하고 단단한 것 보다는 완숙 바나나를 사용하는 것이 바나나맛이 진한 잼을 만들 수 있어요.

바나나 마카롱 (완숙 바나나의 달콤한 맛)

바나나 특유의 달콤함이 가득한 바나나잼은 그냥 먹어도 맛있지만
마카롱의 속재료로 넣어 바나나향 가득한 마카롱을 만들 수 있어요.
잼이 된 바나나는 생과와는 다른 특유의 바나나향과 매력을 가지고 있답니다.
잘 숙성된 바나나를 이용하여 맛있는 바나나 마카롱을 만들어 보세요.

키위 마카롱 (비타민C 가득, 피곤할 때 키위 마카롱 한 알)

싱그러운 초록의 키위는 잼으로 만들었을 때 그 맛이 좋은 과일 중 하나인데요.

사과나 귤보다도 많은 비타민C를 함유하고 있어서 달콤상큼한 키위 마카롱 하나면, 비타민 충전 완료!

키위 마카롱으로 스트레스를 날려 버릴 수 있어요.

(마카롱 30～35개 분량)

마카롱 코크 (만드는 방법 p40)

이탈리안머랭법 : 아몬드파우더 100g, 슈가파우더 100g, 흰자A 36g / 흰자B 36g, 설탕 100g, 물 25g

프렌치머랭법 : 아몬드파우더 100g, 슈가파우더 100g, 흰자 65g, 설탕 65g ; 녹색 색소 조금

필링. 키위잼 (만드는 방법 p74)

키위 150g, 설탕 100g, 펙틴 3g+설탕 10g

키위 필링 만들기

1. 키위의 껍질을 벗기고 과육을 잘게 잘라서 손질해요.

2. 손질한 키위와 설탕 100g을 냄비에 담고 잘 섞어 잠시둡니다.

3. 중불에 올려 저어주며 데우다가 끓어오르면 약불로 내립니다.

4. 큰 덩어리가 있다면 핸드블렌더로 갈아줍니다.

5. 펙틴과 설탕 10g을 잘 섞은 후 끓고 있는 잼에 넣고 약간만 더 조려요.

6. 농도를 보아 어느 정도 점성이 생기면 불에서 내리고 랩을 씌워 식힌 후 사용해요.

몽따주

코크의 한쪽에 키위 필링을 짜주고 나머지 코크를 덮어 마카롱을 완성. p92를 참고하여 숙성 보관 후 먹어요.

오렌지 마카롱 (오렌지를 통째로 넣었어요)

오렌지를 과육과 껍질까지 통째로 갈아 넣어 오렌지의 향과 맛을 그대로 느낄 수 있어요.

상큼하고 진한 맛에 누구라도 좋아하지 않을 수 없는 완소 마카롱이 완성됩니다.

선물용으로 어떤 맛을 만들까? 고민중이라면, 오렌지 마카롱을 강력 추천합니다.

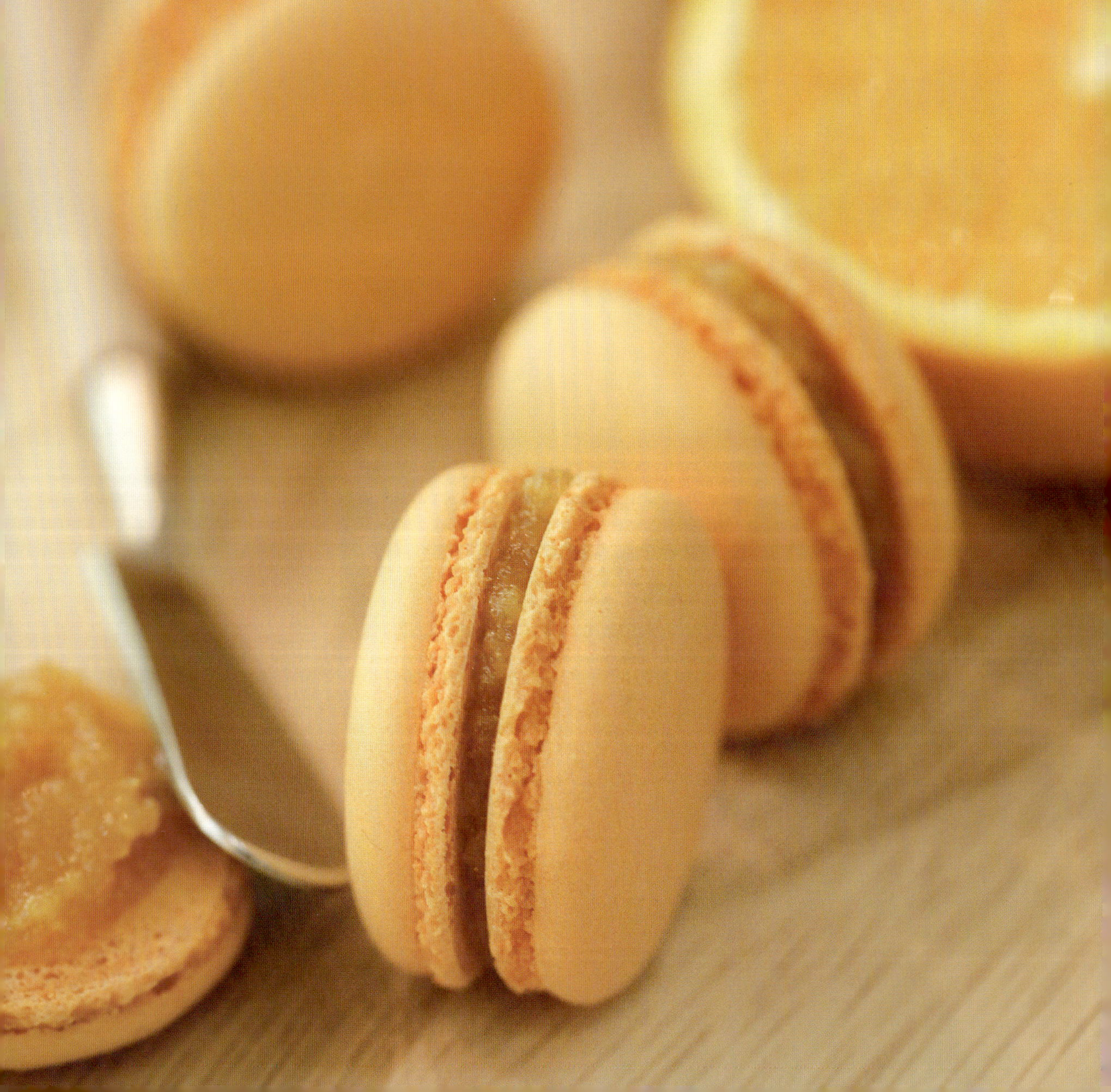

(마카롱 30~35개 분량)

마카롱 코크 (만드는 방법 p40)

이탈리안머랭법 : 아몬드파우더 100g, 슈가파우더 100g, 흰자A 36g / 흰자B 36g, 설탕 100g, 물 25g

프렌치머랭법 : 아몬드파우더 100g, 슈가파우더 100g, 흰자 65g, 설탕 65g ; 주황색 색소 조금

필링. 오렌지잼 (만드는 방법 p74)

오렌지 150g, 오렌지주스 100g, 물 50g, 설탕 130g, 펙틴 2g+설탕 10g

오렌지 필링 만들기

1. 오렌지를 잘 씻어서 준비한 후 껍질째 잘게 잘라둡니다.

2. 오렌지, 오렌지주스, 물을 모두 푸드프로세서에 담고 곱게 갈아줍니다 .

3. 2를 냄비에 옮겨 담고 설탕을 함께 넣어 끓이기 시작해요.

4. 끓기 시작하면 약불로 내려 거품을 걷어내면서 조립니다.

5. 펙틴과 설탕을 잘 섞어 끓고 있는 냄비에 넣고 약불로 계속 조려요. 그리고 주걱으로 계속 저어요.

6. 농도를 보아 어느 정도 점성이 생기면 불에서 내리고 랩을 씌워 식힌 후 사용해요.

7. 완성된 오렌지잼.

몽따주

코크의 한쪽에 오렌지 필링을 짜주고 나머지 코크를 덮어 마카롱을 완성. p92를 참고하여 숙성 보관 후 먹어요.

+ 껍질이 함께 들어간 마멀레이드는 수분의 양을 많게 하여 껍질까지 푹 익도록 합니다. 조리는 시간이 다른 잼에 비해 오래 걸리므로 주걱으로 계속 저어가며 천천히 익히도록 합니다.

+ 오렌지주스는 오렌지 과육으로 만든 홈메이드 오렌지주스를 사용하면 좋고, 없을 경우 시판 오렌지주스로 대체 가능해요.

바닐라 마카롱 (바닐라 아이스크림처럼 부드럽고 달콤한 맛)

화이트초콜릿의 우유 맛과 잘 어울리는 바닐라.

하얀색 코크와 하얀 필링이 청순하기까지 한 바닐라 마카롱은 마카롱 전문점에서 가장 인기있는

마카롱 중 하나랍니다. 아이들도 어른들도 자꾸만 먹게 되는 바닐라 마카롱의 부드러운 맛.

꼭 만들어 보세요!

(마카롱 30~35개 분량)

마카롱 코크 (만드는 방법 p40)

이탈리안머랭법 : 아몬드파우더 100g, 슈가파우더 100g, 흰자A 36g / 흰자B 36g, 설탕 100g, 물 25g

프렌치머랭법 : 아몬드파우더 100g, 슈가파우더 100g, 흰자 65g, 설탕 65g

필링. 바닐라 가나슈 (만드는 방법 p78)

화이트커버춰 73g, 생크림 49g, 물엿 14g, 바닐라빈 1개, 버터 21g

바닐라 가나슈 만들기

1. 바닐라빈은 반으로 갈라 칼 등으로 씨를 긁어냅니다.

2. 내열 용기에 생크림, 바닐라빈 씨와 껍질, 물엿을 함께 넣고 전자렌지에 데웁니다.

  (크림 가장자리가 보글거리는 정도, 전자렌지가 없을 경우 냄비에 데워도 괜찮아요)

3. 2가 데워지면 바닐라빈 껍질만 건져냅니다.

4. 따뜻한 액체를 바로 초콜릿 볼에 부어요.

5. 고무주걱으로 가운데부터 작은 원을 그리듯 저어서 초콜릿을 녹여요.(유화 과정)

6. 데운 크림 등과 초콜릿이 완벽하게 유화되면 실온의 버터를 넣어요.

7. 주걱으로 다시 잘 유화시켜요. 핸드블렌더로 마무리하면 좋아요.

8. 완성된 가나슈는 식힌 다음 적당한 점도가 되면 사용해요.

몽따주

코크의 한쪽에 바닐라 가나슈를 짜주고 나머지 코크를 덮어 마카롱을 완성. p92를 참고하여 숙성 보관 후 먹어요.

매실 마카롱 (푸릇푸릇 매실의 상큼한 마카롱)

매실의 즙을 화이트초콜릿과 함께 가나슈로 만들면 특유의 시고 텁텁한 맛을

화이트초콜릿이 부드럽게 잡아 주어 사과향처럼 상큼하면서도 부드러운 매실의 맛을 느낄 수 있어요.

어떤 맛의 마카롱일지 궁금하지 않으세요?

(마카롱 30~35개 분량)

마카롱 코크 (만드는 방법 p40)

이탈리안머랭법 : 아몬드파우더 100g, 슈가파우더 100g, 흰자A 36g / 흰자B 36g, 설탕 100g, 물 25g

프렌치머랭법 : 아몬드파우더 100g, 슈가파우더 100g, 흰자 65g, 설탕 65g ; 녹색 색소 조금

필링. 매실 가나슈 (만드는 방법 p78)

화이트커버춰 73g, 매실즙 42g, 생크림 6g, 물엿 7g, 버터 21g

매실 가나슈 만들기

1. 매실은 깨끗이 씻어 씨를 제거하고 작게 잘라둡니다.

2. 손질한 매실을 푸드프로세서로 갈아서 즙만 체에 걸러요. 걸러낸 즙의 중량을 재어 레시피 분량만큼 준비해요.

3. 내열 용기에 매실즙과 생크림, 물엿을 함께 데운 후 초콜릿 볼에 부어요.

4. 초콜릿이 녹도록 잠시 기다린 후 가운데부터 주걱으로 천천히 초콜릿을 녹여요.

5. 매끈하게 잘 섞인 가나슈에 실온 버터를 넣어요.

6. 주걱으로 다시 잘 유화시켜요. 핸드블렌더로 마무리하면 좋아요.

7. 완성된 가나슈는 식힌 후 짤주머니에 담아 마카롱 코크에 짜줍니다.

몽따주

코크의 한쪽에 매실 가나슈를 짜주고 나머지 코크를 덮어 마카롱을 완성. p92를 참고하여 숙성 보관 후 먹어요.

초콜릿 마카롱 (달지 않은 다크초콜릿의 달콤 쌉싸름한)

초콜릿하면 달다고 생각하지만 다크초콜릿 커버춰를 이용하여 가나슈를 만들면

쌉싸름하면서도 깊은 맛과 함께 은은한 달콤함에 놀라게 됩니다.

초콜릿이 입안에서 사르르 녹는 감동을 느끼고 싶다면 초콜릿 마카롱을 추천해요.

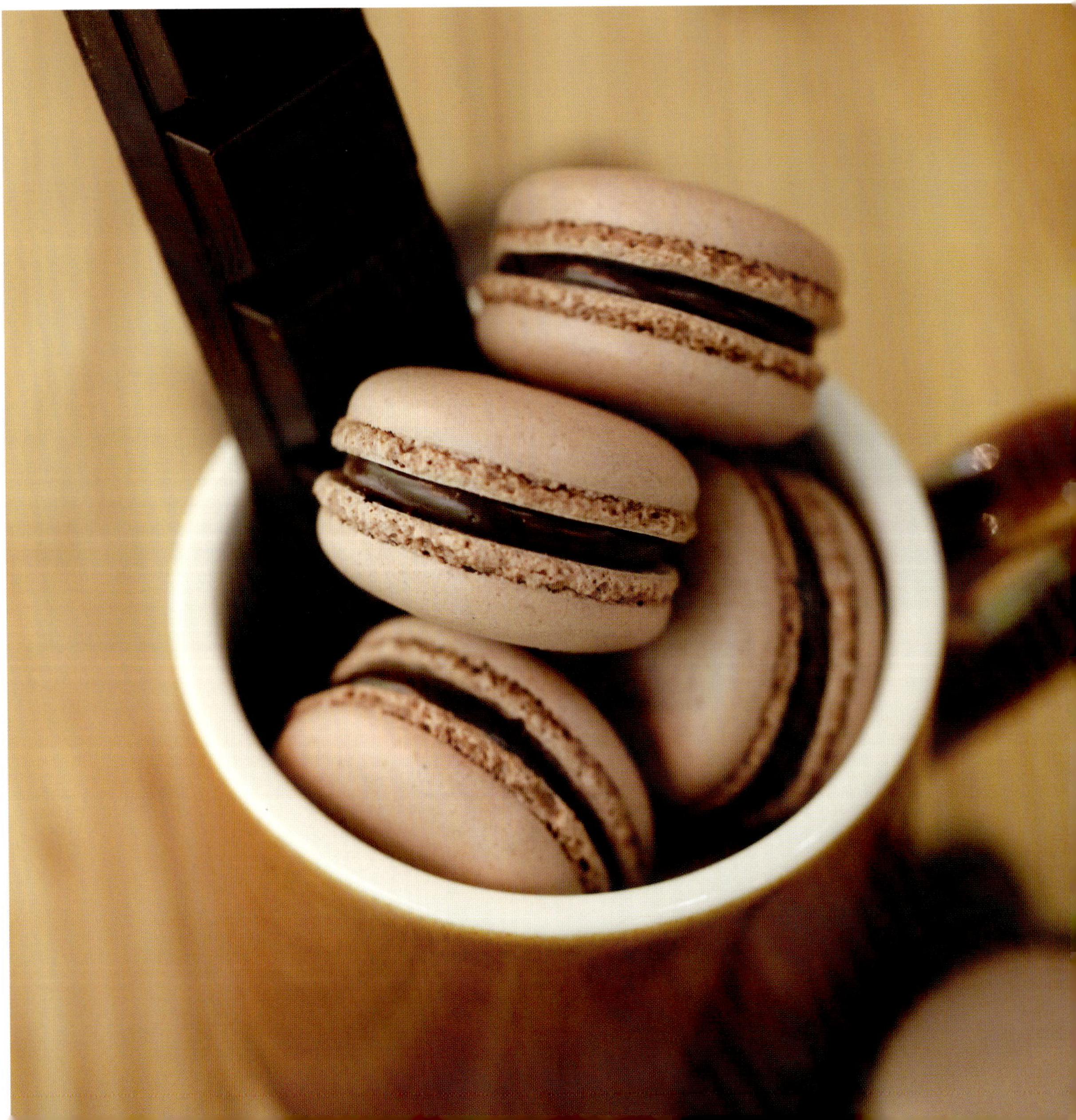

(마카롱 30~35개 분량)

마카롱 코크 (만드는 방법 p40)

이탈리안머랭법 : 아몬드파우더 100g, 슈가파우더 100g, 코코아파우더 10g, 흰자A 37g / 흰자B 36g, 설탕100g, 물 25g

프렌치머랭법 : 아몬드파우더 100g, 슈가파우더 100g, 코코아파우더 10g, 흰자 66g, 설탕 65g

필링. 초콜릿 가나슈 (만드는 방법 p78)

다크커버춰 70g, 생크림 70g, 물엿 10g, 버터 7g

초콜릿 마카롱 만들기

1. 다크초콜릿 가나슈를 만들어서 적당한 되기가 될 때까지 실온에 둡니다.

2. 아몬드파우더와 슈가파우더에 코코아파우더를 더해 함께 체쳐서 준비한 후 마카롱 코크를 만들어요.

3. 나머지 방법은 모두 동일해요.

몽따주

코크의 한쪽에 초콜릿 가나슈를 짜주고 나머지 코크를 덮어 마카롱을 완성. p92를 참고하여 숙성 보관 후 먹어요.

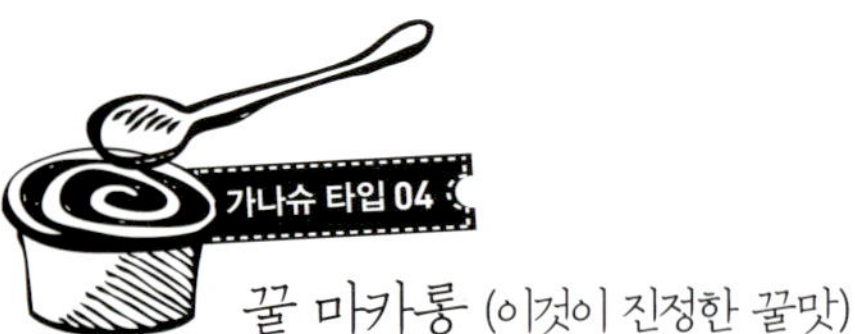

꿀 마카롱 (이것이 진정한 꿀맛)

꿀을 이용한 가나슈를 맛보았을 때 은은한 꿀향이
입안 가득 퍼지는 느낌이 참 좋았어요. 마카롱에도
꿀 가나슈를 응용해 보면 어떨까 생각했어요. 달콤
쌉싸름한 꿀 마카롱은 아이들이 좋아하는 마카롱
중 하나이기도 해요. 꿀을 품은 마카롱에 도전해
보세요.

(마카롱 30~35개 분량)

마카롱 코크 (만드는 방법 p40)

이탈리안머랭법 : 아몬드파우더 100g, 슈가파우더 100g, 흰자A 36g / 흰자B 36g, 설탕 100g, 물 25g

프렌치머랭법 : 아몬드파우더 100g, 슈가파우더 100g, 흰자 65g, 설탕 65g ; 갈색 색소 조금

필링. 꿀 가나슈 (만드는방법 p78)

밀크커버춰 92g, 꿀 24g, 생크림 32g, 버터 16g

꿀 가나슈 만들기

1. 밀크커버춰 초콜릿을 반쯤 녹인 상태로 준비해요.

2. 생크림은 내열 용기에 담아 전자렌지에 데운 후 꿀을 섞어서 초콜릿 볼에 부어요.

3. 초콜릿이 녹도록 잠시 기다린 후 가운데부터 주걱으로 천천히 초콜릿을 녹여요.

4. 매끈하게 섞인 가나슈에 실온의 버터를 넣습니다.

5. 다시 잘 유화시켜서 매끈한 상태의 가나슈를 만듭니다. 핸드블렌더로 마무리하면 좋아요.

6. 실온에 식혀 적당한 점도의 가나슈가 완성되면 사용해요.

몽따주

코크의 한쪽에 꿀 가나슈를 짜주고 나머지 코크를 덮어 마카롱을 완성. p92를 참고하여 숙성 보관 후 먹어요.

콩가루 마카롱 (콩가루 듬뿍 인절미의 맛)

우리에게 익숙한 맛이지만 서양 제과에는 많이 사용되지 않는 콩가루로 마카롱을 만들어 보았어요.
고소한 콩가루의 맛이 버터크림과 잘 어울리는 찰떡궁합! 고소한 인절미의 맛이 매력적인 마카롱이에요.

(마카롱 30~35개 분량)

마카롱 코크 (만드는 방법 p40)

이탈리안머랭법 : 아몬드파우더 100g, 슈가파우더 100g, 흰자A 36g / 흰자B 36g, 설탕 100g, 물 25g

프렌치머랭법 : 아몬드파우더 100g, 슈가파우더 100g, 흰자 65g, 설탕 65g ; 콩가루 적당량(코크 표면에 뿌리는 용도)

필링. 콩가루 버터크림

버터크림 142g(버터크림을 만들어 142g 준비, 만드는 방법 p82), 콩가루 18g

콩가루 코크 만들기

1. 마카롱 코크 반죽을 짠 후 고운 작은 체에 콩가루를 담고 반죽 위에 뿌리고 건조한 후 구워요.

2. 나머지 방법은 모두 동일해요.

콩가루 버터크림 만들기

1. 분량에 맞게 준비된 버터크림을 일부 조금 덜어서 콩가루와 먼저 섞어요.

 (바로 버터크림 전체에 섞으면 잘 섞이지 않아요)

2. 1을 나머지 버터크림과 함께 볼에 담아요.

3. 거품기로 휘핑하여 잘 섞어요.

4. 완성된 콩가루 버터크림.

몽따주

코크의 한쪽에 콩가루 버터크림을 짜주고 나머지 코크를 덮어 마카롱을 완성. p92를 참고하여 숙성 보관 후 먹어요.

땅콩 마카롱 (고소하게 씹히는 맛)

직접 구워낸 땅콩으로 만든 오리지널 땅콩의 맛.

마카롱 표면에도 땅콩 분태를 듬뿍 뿌려주고,

필링에도 땅콩이 듬뿍 들어간답니다.

짭조름하면서 달콤한 땅콩 크림의 맛까지!

(마카롱 30~35개 분량)

마카롱 코크 (만드는방법 p40)

이탈리안머랭법 : 아몬드파우더 100g, 슈가파우더 100g, 흰자A 36g / 흰자B 36g, 설탕 100g, 물 25g

프렌치머랭법 : 아몬드파우더 100g, 슈가파우더 100g, 흰자 65g, 설탕 65g ; 땅콩 분태 적당량(코크 표면에 뿌리는 용도)

땅콩 버터(140g 분량)

땅콩 120g, 설탕 20g, 카놀라유 1g, 소금 1g

필링. 땅콩 버터크림

버터크림 110g(버터크림을 만들어 110g을 준비, 만드는 방법 p82), 땅콩 버터 40g(땅콩 버터를 만들어 40g을 준비)

땅콩 마카롱 코크 만들기

1. 마카롱 코크 반죽을 짠 후 땅콩 분태를 뿌려서 건조한 후 구워요.

2. 나머지 방법은 모두 동일합니다.

땅콩 버터 만들기

1. 땅콩을 예열된 오븐에 노릇해질 때까지 구워요.(150도 10분 정도)

2. 구운 땅콩을 식혀서 깊은 용기에 담아요.

3. 땅콩 버터 재료를 모두 넣고 핸드블렌더로 곱게 갈아줍니다. (양이 많을 경우 푸드프로세서를 이용해도 좋아요)

4. 완성된 땅콩 버터.

땅콩 버터크림 만들기

1. 버터크림과 땅콩 버터를 볼에 함께 담아요.
2. 거품기로 고르게 잘 섞어서 크림을 완성합니다.

몽따주

코크의 한쪽에 땅콩 버터크림을 짜주고 나머지 코크를 덮어 마카롱을 완성. p92를 참고하여 숙성 보관 후 먹어요.

유자 마카롱 (Best Macaron)

차로 많이 즐기는 유자는 특유의 진하고 달콤하면서도 상큼한 향을 가지고 있어요.

유자청을 이용해서 언제든지 만들 수 있다는 장점을 가지고 있어 자주 만들게 되는 마카롱이에요.

아이들뿐만 아니라 누구나 좋아할 만한 대중적인 맛의 마카롱이죠.

(마카롱 30~35개 분량)

마카롱 코크 (만드는 방법 p40)

이탈리안머랭법 : 아몬드파우더 100g, 슈가파우더 100g, 흰자A 36g / 흰자B 36g, 설탕 100g, 물 25g

프렌치머랭법 : 아몬드파우더 100g, 슈가파우더 100g, 흰자 65g, 설탕 65g ; 노란 색소 조금

필링. 유자 버터크림

버터크림 112g (버터크림을 만들어 112g을 준비, 만드는 방법 p82), 유자청 47g

유자 버터크림 만들기

1. 유자청을 핸드블렌더로 곱게 갈아 준비해요.

2. 버터크림과 유자청을 주걱으로 잘 섞어서 유자 버터크림을 완성해요.

몽따주

코크의 한쪽에 유자 버터크림을 짜주고 나머지 코크를 덮어 마카롱을 완성. p92를 참고하여 숙성 보관 후 먹어요.

+ 유자청은 마트에서 쉽게 구입할 수 있어요. 유자 함량이 높은 것을 사용해야 진한 유자맛을 낼 수 있어요.

+ 수분이 많은 잼 등의 재료와 섞는 버터크림은 거품기로 과하게 섞으면 분리될 수 있어 주걱으로 가볍게 섞어서 바로 사용해요.

토마토 마카롱 (나는야 마카롱 될 꺼야! 멋쟁이 토마토!)
토마토의 효능과 영양소는 너무나 잘 알려져 있어요.
요리에선 많이 쓰이고 있지만 제과에서 접할 기회가 많지는 않지요.
신선한 토마토로 만든 토마토잼과 버터크림을 이용하여 만든 토마토 마카롱은
토마토를 싫어하는 아이들도 좋아하게 됩니다.

(마카롱 30〜35개 분량)

마카롱 코크 (만드는 방법 p40)

이탈리안머랭법 : 아몬드파우더 100g, 슈가파우더 100g, 흰자A 36g / 흰자B 36g, 설탕 100g, 물 25g

프렌치머랭법 : 아몬드파우더 100g, 슈가파우더 100g, 흰자 65g, 설탕 65g ; 주황색 색소 조금

토마토잼 (150g 분량)

토마토 300g, 설탕 90g, 레몬즙 8g

필링. 토마토 버터크림

버터크림 90g(버터크림을 만들어 90g을 준비, 만드는 방법 p82), 토마토잼A 30g, 토마토잼B 40g

토마토잼 만들기

1. 토마토를 끓는 물에 살짝 데쳐서 껍질을 벗겨낸 후 작게 조각내어 준비해요.

2. 토마토와 설탕을 담은 냄비를 불에 올려 끓기 시작하면 약불로 조립니다.

3. 레몬즙을 넣고 적당히 조려지면 불에서 내려요.

4. 완성된 토마토잼.

토마토 버터크림 만들기

1. 버터크림과 토마토잼A를 함께 볼에 담아요.

2. 고무주걱으로 가볍게 섞어요.

몽따주

코크의 한쪽에 토마토 버터크림을 도너츠 형태로 짜주고 가운데 공간에 토마토잼B를 채운 후 나머지 코크를 덮어 마카롱을 완성. p92를 참고하여 숙성 보관 후 먹어요.

+ 충분히 잘 익어서 너무 단단하지 않은 달콤한 토마토를 사용해서 잼을 만들어 주세요.

+ 수분이 많은 잼 등의 재료와 섞는 버터크림은 거품기로 과하게 섞으면 분리될 수 있어 주걱으로 가볍게 섞어서 바로 사용해요.

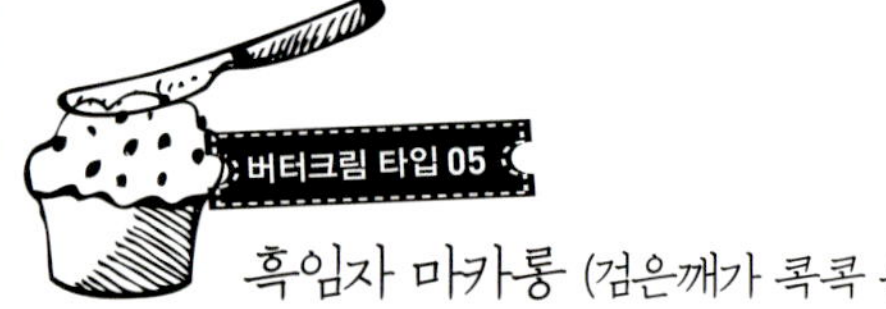

흑임자 마카롱 (검은깨가 콕콕 올라간)

버터크림에 흑임자가루를 넣으면 손쉽게 흑임자 버
터크림을 만들 수 있어요. 어르신들께 선물하기 위
해 만들어 보았는데 너무 좋아하셔서 그 때부터 자
주 만들게 되었답니다. 전통 제과에 자주 사용되는
재료들이 마카롱 필링으로도 꽤 어울리는 경우가
많아요. 특히 흑임자의 경우에는 우리 입맛에 맞고,
달지 않기 때문에 먹어도 먹어도 질리지 않아요.

(마카롱 30~35개 분량)

마카롱 코크 (만드는 방법 p40)

이탈리안머랭법 : 아몬드파우더 100g, 슈가파우더 100g, 흑임자가루 3g, 흰자A 36g / 흰자B 36g, 설탕 100g, 물 25g

프렌치머랭법 : 아몬드파우더 100g, 슈가파우더 100g, 흑임자가루 3g, 흰자 65g, 설탕 65g ; 검은깨(코크 표면에 뿌리는 용도)

필링. 흑임자 버터크림

버터크림 120g(버터크림을 만들어 120g을 준비, 만드는 방법 p82), 흑임자가루 40g

흑임자 코크 만들기

1. 아몬드파우더와 슈가파우더, 흑임자가루를 한꺼번에 체에 쳐서 준비해요. 나머지 과정은 동일하게 진행합니다.

2. 마카롱 코크 반죽을 짠 후 체에 준비한 검은깨를 코크 표면이 건조되기 전에 2~3개씩 뿌려줍니다.

3. 나머지 방법은 모두 동일합니다.

흑임자 버터크림 만들기

1. 분량에 맞게 준비된 버터크림에 흑임자가루를 넣어요.

2. 거품기를 이용하여 균일하게 잘 섞어요.

몽따주

코크의 한쪽에 흑임자 버터크림을 짜주고 나머지 코크를 덮어 마카롱을 완성. p92를 참고하여 숙성 보관 후 먹어요.

+ 흑임자가루는 제과 재료상이나 마트 등에서 쉽게 구입이 가능해요.

잣 마카롱 (맛도 좋고 몸에도 좋은)

잣으로도 채식 버터의 일종인 잣 버터를 만들 수 있어요.

잣 특유의 향과 고소한 맛이 최고인 잣 버터는 그냥 빵에 발라 먹어도 좋을 만큼 맛있답니다.

고소하고 부드러운 잣 버터크림의 마카롱은 잣을 좋아하지 않던 사람들도 그 맛에 반해요.

마카롱 코크 (만드는 방법 p40)

이탈리안머랭법 : 아몬드파우더 100g, 슈가파우더 100g, 흰자A 36g / 흰자B 36g, 설탕 100g, 물 25g

프렌치머랭법 : 아몬드파우더 100g, 슈가파우더 100g, 흰자 65g, 설탕 65g ; 잣 30~35개 (코크 표면에 올리는 용도)

잣 버터(130g 분량)

잣 120g, 설탕 10g, 소금 1g

필링. 잣 버터크림

버터크림 110g(버터크림을 만들어 110g을 준비, 만드는 방법 p82), 잣 버터 40g(잣 버터를 만들어 40g을 준비)

잣 마카롱 코크 만들기

1. 마카롱 코크 반죽을 짠 후 잣을 하나씩 올려서 구워요.

2. 나머지 방법은 모두 동일합니다.

잣 버터 만들기

1. 잣을 예열된 오븐에 노릇해질 때까지 구워요.(150도 8분 정도)

2. 구워서 식힌 잣과 모든 재료를 함께 깊은 용기에 담아요.

3. 2를 핸드블렌더로 갈아줍니다. 잣의 유분이 나오면서 걸죽하게 완성.(양이 많을 경우 푸드프로세서를 이용해도 좋아요)

4. 완성된 잣 버터.

잣 버터크림 만들기

1. 버터크림과 잣 버터를 볼에 함께 담아요.

2. 거품기로 고르게 잘 섞어서 크림을 완성해요.

몽따주

코크의 한쪽에 잣 버터크림을 짜주고 나머지 코크를 덮어 마카롱을 완성. p92를 참고하여 숙성 보관 후 먹어요.

+ 유분이 많은 잣 버터는 사용하기 직전 윗면에 생긴 기름층이 잘 섞이도록 한 후 사용하세요.

헤이즐넛 마카롱 (자꾸만 먹게 되는 중독성 강한 맛)

고소한 헤이즐넛 마카롱은 견과류의 고소한 풍미를 입안 가득히 느낄 수 있어요.

고소한 헤이즐넛을 싫어할 사람이 있을까요? 코크에 헤이즐넛 분태를 듬뿍듬뿍 뿌려주세요.

달콤하고 고소한 필링에 헤이즐넛 씹히는 맛까지 자꾸자꾸 손이 가게 됩니다.

(마카롱 30~35개 분량)

마카롱 코크 (만드는 방법 p40)

이탈리안머랭법 : 아몬드파우더 100g, 슈가파우더 100g, 흰자A 36g / 흰자B 36g, 설탕 100g, 물 25g

프렌치머랭법 : 아몬드파우더 100g, 슈가파우더 100g, 흰자 65g, 설탕 65g

: 갈색 색소 조금, 헤이즐넛 분태 적당량(마카롱 코크에 뿌려주는 용도)

필링. 헤이즐넛 버터크림

버터크림 120g(버터크림을 만들어 120g을 준비, 만드는 방법 p82), 헤이즐넛 프랄리네 40g

헤이즐넛 마카롱 코크 만들기

1. 마카롱 코크 반죽을 짠 후 헤이즐넛 분태를 뿌리고 건조한 후 구워요.

2. 나머지 방법은 모두 동일합니다.

헤이즐넛 버터크림 만들기

1. 버터크림과 헤이즐넛 프랄리네(p146)를 볼에 함께 담아요.

2. 거품기로 고르게 잘 섞어서 크림을 완성해요.

몽따주

코크의 한쪽에 헤이즐넛 버터크림을 짜주고 나머지 코크를 덮어 마카롱을 완성. p92를 참고하여 숙성 보관 후 먹어요.

헤이즐넛 프랄리네 만들기

헤이즐넛 프랄리네는 제과 재료상에서 쉽게 구입할 수 있지만 직접 만들 수도 있어요. 직접 만든 헤이즐넛 프랄리네로 마카롱을 만들고 싶다면 이 책의 레시피로 함께 만들어 보세요.

캐러멜화한 헤이즐넛을 분쇄기로 곱게 갈아내면, 고소하고 달콤한 헤이즐넛 프랄리네가 완성해요.

헤이즐넛 프랄리네 (230g 분량)

헤이즐넛 100g, 설탕 100g, 물 35g

헤이즐넛 프랄리네 만들기

1. 냄비에 설탕과 물을 118도까지 끓여요.

2. 118도가 되면 불을 끄고 준비한 헤이즐넛을 모두 넣고 주걱으로 잘 섞어요. 시럽이 헤이즐넛에 골고루 입혀지도록 합니다.

3. 다시 불에 올려서 주걱으로 저어주며 캐러멜화합니다.

4. 윤기가 나고 진한 갈색이 날 때까지 계속 저어요. (골고루 캐러멜화가 진행될 수 있도록 끊임없이 잘 저어주는 것이 중요)

5. 테프론시트에 완성된 캐러멜 헤이즐넛을 모두 붓고 식혀요.

6. 완전히 식은 헤이즐넛을 푸드프로세서에 담고 잘게 갈아냅니다.

7. 완성된 헤이즐넛 프랄리네.

+ 동냄비를 사용하면 균일하게 캐러멜화하는데 수월해요. 동냄비가 없다면
열전도가 좋은 스텐 냄비를 사용하세요.

(마카롱 30~35개 분량)

마카롱 코크 (만드는 방법 p40)

이탈리안머랭법 : 아몬드파우더 100g, 슈가파우더 100g, 흰자A 36g / 흰자B 36g, 설탕 100g, 물 25g

프렌치머랭법 : 아몬드파우더 100g, 슈가파우더 100g, 흰자 65g, 설탕 65g ; 녹색 색소 조금

필링. 피스타치오 버터크림

버터크림 120g(버터크림을 만들어 120g을 준비, 만드는 방법 p82), 피스타치오 페이스트 38g

피스타치오 버터크림 만들기

1. 분량에 맞게 준비된 버터크림과 피스타치오 페이스트를 함께 볼에 담아요.

2. 거품기를 이용하여 균일하게 잘 섞어요.

3. 완성된 피스타치오 버터크림.

몽따주

코크의 한쪽에 피스타치오 버터크림을 짜주고 나머지 코크를 덮어 마카롱을 완성. p92를 참고하여 숙성 보관 후 먹어요.

+ 피스타치오 페이스트는 제과 재료상에서 쉽게 구입할 수 있어요.

피스타치오 마카롱 (고소한 녹색의 견과류)

견과류가 들어간 크림은 아이들이 특히나 좋아해요.

특유의 향과 맛, 그리고 고운 색을 가진 피스타치오는 그 중에서도 참 매력있는 견과류입니다.

피스타치오는 페이스트 형태의 재료로 유통되는데, 이 피스타치오 페이스트를 이용하여 크림을 만들면 손쉽게 피스타치오 맛의 마카롱 필링을 만들 수 있어요.

아름다운 녹색 견과류 피스타치오를 마카롱으로 즐겨보세요.

치즈 마카롱 (부드러운 까망베르 치즈의 맛)

치즈는 칼슘이 풍부하고, 성장 발달에 좋아 아이들에게 간식으로 챙겨주고 있어요.

건강에 좋고 맛도 좋으니 이보다 더 좋은 간식이 있을까요?

특유의 풍미가 좋은 까망베르 치즈가 들어간 치즈 버터크림은 크림치즈의 맛과는 또 다른 매력이 있어요.

아이들만큼이나 어른들도 좋아해요.

마카롱 코크 (만드는 방법 p40)

이탈리안머랭법 : 아몬드파우더 100g, 슈가파우더 100g, 흰자A 36g / 흰자B 36g, 설탕 100g, 물 25g

프렌치머랭법 : 아몬드파우더 100g, 슈가파우더 100g, 흰자 65g, 설탕 65g ; 아몬드파우더(코크 표면에 뿌리는 용도)

필링. 치즈 버터크림

버터크림 70g(버터크림을 만들어 70g을 준비, 만드는 방법 p82), 까망베르 치즈 83g

치즈 마카롱 코크 만들기

1. 마카롱 코크 반죽을 짠 후 아몬드파우더를 체쳐서 반죽 위에 뿌리고 건조한 후 구워요.

2. 나머지 방법은 모두 동일합니다.

치즈 버터크림 만들기

1. 까망베르 치즈의 겉면에 딱딱한 부분을 제거한 후 무게를 재어 83g을 준비하고, 거품기로 부드럽게 풀어줍니다.
 (잘 풀리지 않을 경우 따뜻하게 살짝 데워주면 잘 풀려요)

2. 만들어둔 버터크림과 풀어준 까망베르 치즈를 거품기로 매끈하게 섞어요.

3. 완성된 까망베르 치즈 버터크림.

몽따주

코크의 한쪽에 치즈 버터크림을 짜주고 나머지 코크를 덮어 마카롱을 완성. p92를 참고하여 숙성 보관 후 먹어요.

감자 마카롱 (삶은 감자의 부드럽고 고소한 맛)

감자로 마카롱을 만든다! 생소할 수 있는 조합이지만

케이크에도, 아이스크림에도 잘 어울리는 맛을 가지고 있어요.

감자가 통째로 들어간 감자 마카롱은 건강한 재료를 사용했을 뿐만 아니라

부드럽고 고소한 맛으로 아이들의 입맛에도 딱 맞아요.

(마카롱 30~35개 분량)

마카롱 코크 (만드는 방법 p40)

이탈리안머랭법 : 아몬드파우더 100g, 슈가파우더 100g, 흰자A 36g / 흰자B 36g, 설탕 100g, 물 25g

프렌치머랭법 : 아몬드파우더 100g, 슈가파우더 100g, 흰자 65g, 설탕 65g

필링. 감자 페이스트 (만드는 방법 p86)

삶은 감자 200g, 물 46g, 설탕 22g, 물엿 11g, 소금 1g

감자 페이스트 만들기

1. 냄비에 감자를 넉넉히 담고 물(분량 외)을 자작하게 하여 뚜껑을 덮어 푹 삶아요.(20~30분)

2. 삶은 감자 200g(삶은 감자를 물에서 건져 200g의 중량을 잼)과 모든 재료를 함께 냄비에 담고
   주걱 등으로 감자를 으깨면서 약불로 조립니다.

3. 페이스트 상태가 되면 완성.

몽따주

코크의 한쪽에 감자 페이스트를 짜주고 나머지 코크를 덮어 마카롱을 완성. p92를 참고하여 숙성 보관 후 먹어요.

완두콩 마카롱 (완두콩의 놀라운 변신)

푸릇푸릇 완두콩을 푹 쪄서 까먹기 시작하면 한없이 먹게 됩니다.

고소하면서도 신선한 완두콩의 맛은 설명이 필요없을 만큼 좋아요.

완두콩으로 만드는 완두콩 페이스트에는 연유가 들어가게 되는데,

달콤한 우유의 맛이 완두콩과 어우러져 특유의 비린내를 잡아 주고, 훌륭한 맛의 조화를 이룬답니다.

(마카롱 30~35개 분량)

마카롱 코크 (만드는 방법 p40)

이탈리안머랭법 : 아몬드파우더 100g, 슈가파우더 100g, 흰자A 36g / 흰자B 36g, 설탕 100g, 물 25g

프렌치머랭법 : 아몬드파우더 100g, 슈가파우더 100g, 흰자65g, 설탕 65g ; 녹색 색소 조금

필링. 완두콩 페이스트 (만드는 방법 p86)

삶은 완두콩 96g, 생크림 18g, 버터 24g, 연유 19g, 설탕 12g

완두콩 페이스트 만들기

1. 완두콩은 삶아서 익힌 후 식혀서 준비해요.

2. 완두콩, 생크림, 버터, 연유, 설탕을 모두 함께 계량해서 푸드프로세서에 담아요.

3. 곱게 갈아서 완두콩 페이스트를 완성해요.

4. 완성된 완두콩 페이스트.

몽따주

코크의 한쪽에 완두콩 페이스트를 짜주고 나머지 코크를 덮어 마카롱을 완성. p92를 참고하여 숙성 보관 후 먹어요.

+ 생완두콩을 구할 수 없는 계절이라면 냉동완두콩으로도 완두콩 페이스트를 만들 수 있어요.

밤 마카롱 (홈메이드 밤 페이스트로 만든 진짜 밤 마카롱)

삶은 밤으로 직접 만든 홈메이드 밤 페이스트의 맛은 정말 최고예요.

그 맛을 알기에 가을이면 귀찮아도 꼭 햇밤으로 밤 페이스트를 만들어서 먹게 됩니다.

달지 않고 고소한 맛에 부드러운 식감까지 자연 그대로의 맛을 느낄 수 있어요.

(마카롱 30~35개 분량)

마카롱 코크 (만드는 방법 p40)

이탈리안머랭법 : 아몬드파우더 100g, 슈가파우더 100g, 흰자A 36g / 흰자B 36g, 설탕 100g, 물 25g

프렌치머랭법 : 아몬드파우더 100g, 슈가파우더 100g, 흰자 65g, 설탕 65g : 갈색 색소 조금

필링. 밤 페이스트 (만드는 방법 p86)

밤(삶아서 껍질을 제거한 상태) 150g, 물 63g, 설탕 31g, 물엿 10g, 소금 0.5g

밤 마카롱 만들기

1. 밤 페이스트를 만들어 랩을 씌워 식혀요.

2. 갈색 색소를 더해 마카롱 코크를 만들어 식혀요.

몽따주

코크의 한쪽에 밤 페이스트를 짜주고 나머지 코크를 덮어 마카롱을 완성. p92를 참고하여 숙성 보관 후 먹어요.

마카롱 코크 (만드는 방법 p40)

이탈리안머랭법 : 아몬드파우더 100g, 슈가파우더 100g, 흰자A 36g / 흰자B 36g, 설탕 100g, 물 25g

프렌치머랭법 : 아몬드파우더 100g, 슈가파우더 100g, 흰자 65g, 설탕 65g ; 갈색 색소 조금

필링. 고구마 페이스트 (만드는 방법 p86)

고구마 165g, 레몬즙 3g, 물 75g, 설탕 50g, 꿀 18g, 소금 0.5g

고구마 페이스트 만들기

준비 : 고구마는 껍질을 벗겨 조각냅니다.

1. 냄비에 고구마와 레몬즙, 물을 넣고 뚜껑을 덮어 푹 삶아요. (20~30분 정도, 고구마가 푹 익고 물이 보이지 않을 때까지)

2. 푹 익은 고구마를 주걱으로 으깨어 줍니다.

3. 2에 설탕, 꿀, 소금을 넣고 약불에 올려요.

4. 주걱으로 계속 저어가며 수분을 날려 적당한 점도가 되면 완성.

5. 완성된 고구마 페이스트.

몽따주

코크의 한쪽에 고구마 페이스트를 짜주고 나머지 코크를 덮어 마카롱을 완성. p92를 참고하여 숙성 보관 후 먹어요.

+ 고구마가 주걱으로 잘 으깨어지지 않으면 핸드블렌더를 이용해서 갈아주세요.

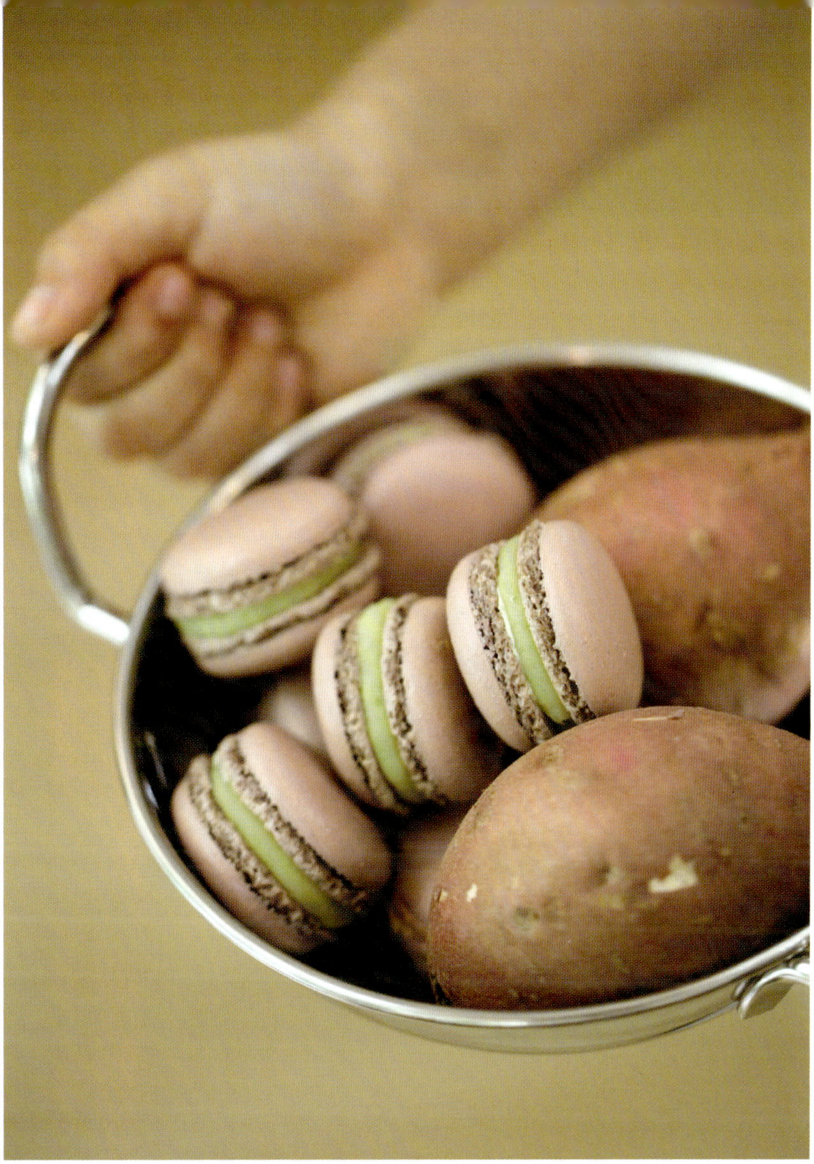

고구마 마카롱 (마음까지 따뜻해지는 친근한 마카롱)

김이 모락모락 나는 따뜻한 고구마 하나면 마음까지 따뜻해지는 것 같아요.

누구나 좋아하는 고구마로 만든 마카롱은 어떤 맛일까요?

고구마 페이스트를 마카롱 사이에 넣으면 멀게만 느껴지던 프랑스 마카롱이 친근하게 다가와요.

달지 않고 부드러운 고구마 마카롱의 맛에 빠져보세요.

단호박 마카롱

푹 익힌 단호박으로 만든 단호박죽은 힘들고 지칠 때 기운나게 해 주는 무언가가 있는 것 같아요.
단호박이 듬뿍 들어간 단호박 마카롱은 어릴 적 엄마가 만들어주신 호박죽이 생각나는 맛이랍니다.
부드러운 단호박 크림의 마카롱에는 달콤함, 구수함, 깊은 호박의 향기가 느껴져요.

(마카롱 30∼35개 분량)

마카롱 코크 (만드는 방법 p40)
이탈리안머랭법 : 아몬드파우더 100g, 슈가파우더 100g, 흰자A 36g / 흰자B 36g, 설탕 100g, 물 25g
프렌치머랭법 : 아몬드파우더 100g, 슈가파우더 100g, 흰자 65g, 설탕 65g ; 노란색 색소 조금

필링. 단호박 페이스트 (만드는 방법 p86)
버터 30g, 슈가파우더 20g, 단호박(쪄서 껍질을 제거한 것) 122g, 물 37g, 설탕 37g, 물엿 9g, 소금 0.5g

단호박 페이스트 만들기

1. 실온의 버터에 슈가파우더를 넣고 거품기로 휘핑하여 부드러운 크림 상태로 만듭니다.

2. 단호박을 반으로 잘라서 물을 조금 넣고 폭 찝니다. (20~30분 정도 부드럽게 폭 익을 정도까지)

3. 찐 단호박의 껍질을 제거하고 조각낸 후 122g을 재어 물, 설탕, 물엿, 소금과 함께 냄비에 담아요.

4. 끓기 시작하면 약불로 내려서 조립니다.

5. 주걱으로 단호박을 으깨면서 조리고, 잼 정도의 농도가 되면 완성.

6. 덩어리가 있다면 핸드블렌더를 사용하여 곱게 갈아줍니다. 크림화한 버터와 섞기 위해 실온 상태로 식혀요.

7~8. 크림화한 버터에 식은 단호박을 조금씩 넣어가며 거품기로 휘핑하여 부드러운 크림을 만들어요.

9. 완성된 단호박 페이스트 필링.

몽따주

코크의 한쪽에 단호박 페이스트 필링을 짜주고 나머지 코크를 덮어 마카롱을 완성. p92를 참고하여 숙성 보관 후 먹어요.

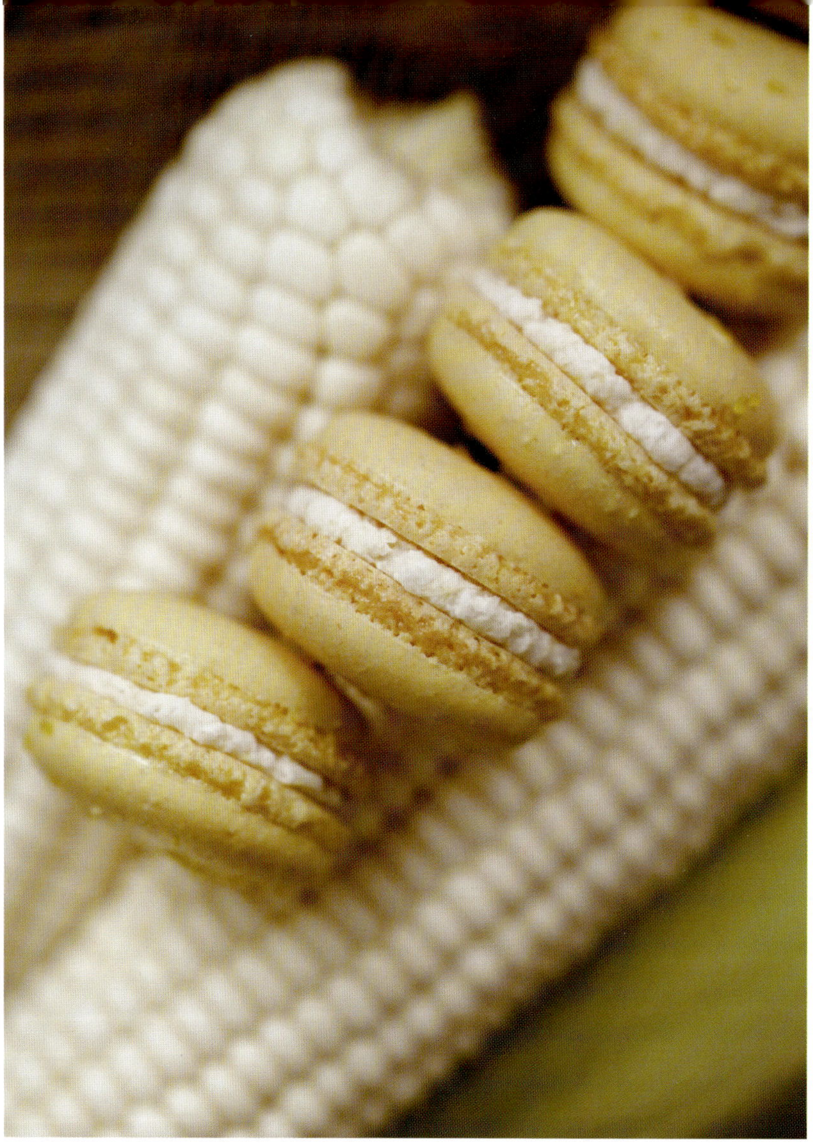

옥수수 마카롱 (익숙한 듯 새로운 맛)

삶은 옥수수가 그대로 들어간 옥수수 마카롱은 처음에는 신기하게 느껴지지만
먹을수록 친근한 느낌이 드는 익숙한 맛이에요.
바삭바삭 씹히는 콘크리츠의 식감이 더해져 한층 고소한 맛의 마카롱입니다.

(마카롱 30∼35개 분량)

마카롱 코크 (만드는 방법 p40)

이탈리안머랭법 : 아몬드파우더 100g, 슈가파우더 100g, 흰자A 36g / 흰자B 36g, 설탕 100g, 물 25g

프렌치머랭법 : 아몬드파우더 100g, 슈가파우더 100g, 흰자 65g, 설탕 65g

: 노란색 색소 조금, 콘크리츠 (마카롱 코크에 뿌리는 용도)

필링. 옥수수 페이스트 (만드는 방법 p86)

삶은 옥수수 105g, 생크림 13g, 버터 19g, 물엿 19g, 설탕 12g

옥수수 페이스트 만들기

1. 옥수수는 삶아서 익힌 후 식혀서 준비해요. 옥수수 알만 떼어내어 분량에 맞게 계량해요.

2. 옥수수, 생크림, 버터, 물엿, 설탕을 모두 함께 깊은 용기에 담아요.

3. 곱게 갈아서 옥수수 페이스트를 완성해요. (양이 많을 경우 푸드 프로세서를 이용)

4. 완성된 옥수수 페이스트.

몽따주

코크의 한쪽에 옥수수 페이스트를 짜주고 나머지 코크를 덮어 마카롱을 완성. p92를 참고하여 숙성 보관 후 먹어요.

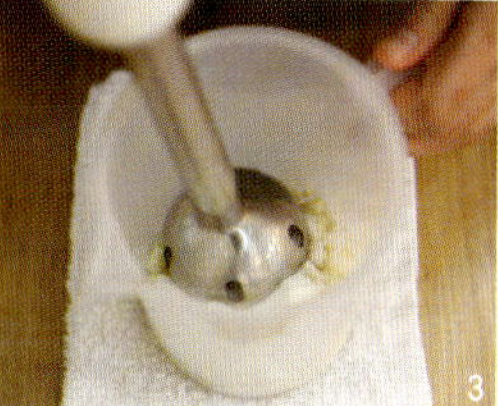

토마토와 바질 마카롱 (요리가 된 마카롱)

상큼한 토마토와 향긋한 바질이 얼마나 잘 어울리는지 다들 알고 계시죠?

바질의 향긋함과 짭조름한 치즈의 맛이 더해져 토마토잼과 잘 어울린답니다.

마치 이탈리아 요리를 맛보는 것 같은 토마토와 바질 마카롱.

마카롱 코크 (만드는방법 p40)

이탈리안머랭법 : 아몬드파우더 100g, 슈가파우더 100g, 흰자A 36g / 흰자B 36g, 설탕 100g, 물 25g

프렌치머랭법 : 아몬드파우더 100g, 슈가파우더 100g, 흰자 65g, 설탕 65g ; 주황색 색소 조금, 녹색 색소 조금

바질 버터크림 & 토마토잼

A: 바질 버터크림 : 버터크림(만드는 방법 p82) 103g, 바질페스토17g(바질 80g, 마늘 3알, 잣 70g, 올리브유 10Ts, 파마산 치즈 60g)

B: 토마토잼(만드는 방법 p136) 40g

토마토와 바질 마카롱 코크 만들기

1. 주황색 색소를 넣은 주황색 코크와 녹색 색소를 넣은 녹색 코크 두 가지를 같은 양으로 준비해요.

   (마카로나주 직전의 반죽을 둘로 나누어 각각의 색소를 넣어 주걱으로 잘 섞으면 마카로나주와 동시에 색소도 반죽에 잘 섞여요)

바질 버터크림 만들기

1. 바질페스토 재료를 모두 넣고 곱게 갈아서 바질페스토를 만들어요.

2. 버터크림과 완성된 바질페스토 17g을 주걱으로 잘 섞어요.

토마토잼 만들기

토마토잼을 만들어서 40g을 준비해요.

몽따주

1. 코크의 한쪽에 바질 버터크림을 도넛 모양으로 짜줍니다.

2. 빈 공간을 토마토잼으로 채운 후 나머지 코크를 덮어 마카롱을 완성. p92를 참고하여 숙성 보관 후 먹어요.

+ 바질페스토를 만들기 어렵다면 시판 바질페스토를 사용해도 괜찮아요.

당근과 시나몬 마카롱 (토끼도 좋아할 것 같은)

당근잼과 향긋한 시나몬향의 버터크림이 잘 어울리는 마카롱. 당근 케이크를 만들 때에도

시나몬을 넣어 당근 특유의 냄새를 잡고, 향기로운 케이크를 만드는데요.

시나몬향이 가득한 버터크림과 달콤한 당근잼이 채워진 마카롱에서도

즐겨먹던 향기로운 당근 케이크의 맛을 느낄 수 있어요.

마카롱 코크 (만드는방법 p40)

이탈리안머랭법 : 아몬드파우더 100g, 슈가파우더 100g, 흰자A 36g / 흰자B 36g, 설탕 100g, 물 25g

프렌치머랭법 : 아몬드파우더 100g, 슈가파우더 100g, 흰자 65g, 설탕 65g

: 시나몬 파우더(코크 위에 뿌려주는 용도), 주황색 색소 조금

시나몬 버터크림 & 당근잼

A: 시나몬 버터크림 : 버터크림(만드는 방법 p82) 120g, 시나몬파우더 0.5g

B: 당근잼(300g 분량, 완성된 당근잼의 40g 사용) : 당근 260g, 물 60g, 설탕 55g, 물엿 11g, 레몬즙 4g

당근과 시나몬 마카롱 코크 만들기

1. 주황색 색소를 넣은 코크와 색소없이 시나몬파우더를 뿌린 코크 두 가지를 같은 양으로 준비해요.

   (마카로나주 직전의 반죽을 둘로 나누어 각각의 색소를 넣어 주걱으로 잘 섞으면 마카로나주와 동시에 색소도 반죽에 잘 섞여요)

당근잼 만들기

1. 당근을 분량대로 준비해 물(분량 외)을 당근이 잠기도록 자작하게 붓고 푹 익도록 끓여요.

2. 물이 보이지 않을 때까지 끓여준 후 푹 익은 당근을 주걱으로 으깹니다. (핸드블렌더를 사용해도 좋아요)

3. 2에 레몬즙을 제외한 모든 재료를 넣고 약불로 끓이기 시작해요.

4. 점도가 생길 정도로 조려지면 레몬즙을 넣고 주걱으로 저어주며 조금 더 조려요.

5. 되직한 농도가 되면 불에서 내려요.

6. 완성된 당근잼.

시나몬 버터크림 만들기

1. 버터크림을 분량대로 준비하고 시나몬파우더를 넣어요.

2. 거품기로 매끈하게 섞어서 완성해요.

몽따주

1. 코크의 한쪽에 시나몬 버터크림을 도넛 모양으로 짜줍니다.

2. 빈 공간을 당근잼으로 채운 후 나머지 코크를 덮어 마카롱을 완성. p92를 참고하여 숙성 보관 후 먹어요.

호두와 살구 마카롱 (우린 정말 잘 어울려요)

고소한 호두와 새콤한 살구잼이 얼마나 잘 어울리는지 아세요?
구운 호두의 고소한 맛이 입안 가득 느껴지다가 새콤달콤한 살구잼의 두 가지 맛
아이들도 저도 너무나 좋아하는 우리집 일등 마카롱이에요.

(마카롱 30~35개 분량)

마카롱 코크 (만드는 방법 p40)

이탈리안머랭법 : 아몬드파우더 100g, 슈가파우더 100g, 흰자A 36g / 흰자B 36g, 설탕 100g, 물 25g

프렌치머랭법 : 아몬드파우더 100g, 슈가파우더 100g, 흰자 65g, 설탕 65g

; 호두분태 조금(코크 위에 올리는 용도), 주황색 색소 조금

호두 버터크림 & 살구잼

A: 호두 버터크림 : 버터크림(만드는 방법 p82) 102g, 구운 호두 32g

B: 살구잼(100g 분량, 완성된 살구잼의 40g 사용) : 살구 150g, 설탕 50g, 레몬즙 5g

호두와 살구 마카롱 코크 만들기

1. 주황색 색소를 넣은 주황색 코크와 색소를 넣지 않고 윗면에 호두 조각을 올린 코크 두 가지를 같은 양으로 준비해요.

   (마카로나주 직전의 반죽을 둘로 나누어 각각의 색소를 넣어 주걱으로 잘 섞으면 마카로나주와 동시에 색소도 반죽에 잘 섞여요.)

호두 버터크림 만들기

1. 호두를 오븐에 구운 후(150도 10분) 식혀요.

2. 구운 호두를 핸드블렌더로 곱게 갈아서 분량대로 계량한 후 버터크림 볼에 담아요.

3. 가볍게 섞어서 호두 버터크림을 완성해요.

살구잼 만들기

1. 씨를 제거한 살구를 조각내어 준비해요.

2. 살구와 설탕을 함께 담아서 잠시 두었다 불에 올려 끓이기 시작합니다.

3. 끓기 시작하면 약불로 줄이고 레몬즙을 넣고 조립니다. 적당한 농도가 되면 불에서 내려 완성해요.

 (핸드블렌더로 갈아 고운 텍스쳐가 되도록 합니다)

4. 완성된 살구잼.

몽따주

1. 코크의 한쪽에 호두 버터크림을 도넛 모양으로 짜줍니다.

2. 빈 공간을 살구잼으로 채운 후 나머지 코크를 덮어 마카롱을 완성. p92를 참고하여 숙성 보관 후 먹어요.

+ 살구 생과를 구할 수 없는 계절에는 살구 퓨레를 사용해도 좋고, 또 살구 통조림을 사용하여 잼을 만들 수 있지만, 통조림 살구를
  사용할 경우 당도가 높아질 수 있으니 설탕량을 조절하세요.

크림치즈와 블루베리 마카롱

버터크림 만드는 방법이 복잡하고 어렵다면 크림화된 버터와 부드러운 크림치즈를 이용해
조금 더 쉽게 마카롱 필링을 만들어 주세요.
크림치즈만으론 좀 심심하다면 크림치즈와 잘 어울리는 블루베리잼을 함께 넣어보세요.
블루베리 꽁포트가 올려진 치즈 케이크의 맛을 마카롱에서 그대로 느낄 수 있답니다.

마카롱 코크 (만드는방법 p40)

이탈리안머랭법 : 아몬드파우더 100g, 슈가파우더 100g, 흰자A 36g / 흰자B 36g, 설탕 100g, 물 25g

프렌치머랭법 : 아몬드파우더 100g, 슈가파우더 100g, 흰자 65g, 설탕 65g

: 아몬드파우더(코크 위에 뿌려주는 용도), 보라색 색소 조금

크림치즈 버터크림 & 블루베리잼

A: 크림치즈 버터크림 : 버터 45g , 슈가파우더 30g, 크림치즈 52g

B: 블루베리잼(p100) 40g

크림치즈와 블루베리 마카롱 코크 만들기

1. 보라색 색소를 넣은 보라색 코크와 색소를 넣지 않고 윗면에 아몬드파우더를 뿌린 코크 두 가지를 같은 양으로 준비해요.
   (마카로나주 직전의 반죽을 둘로 나누어 각각의 색소를 넣어 주걱으로 잘 섞으면 마카로나주와 동시에 색소도 반죽에 잘 섞여요)

크림치즈 버터크림 만들기

1. 실온의 버터를 거품기로 부드럽게 풀어준 후 슈가파우더를 조금씩 넣으며 크림화해요.

2. 1에 크림치즈(거품기로 부드럽게 풀어둔 상태)를 조금씩 넣으며 거품기로 섞어요.

3. 부드러운 크림 상태가 되면 완성.

몽따주

1. 코크의 한쪽에 크림치즈 필링을 도넛 모양으로 짜줍니다.

2. 빈 공간을 블루베리잼으로 채운 후 나머지 코크를 덮어 마카롱을 완성. p92를 참고하여 숙성 보관 후 먹어요.

작은 마카롱 케이크

마카롱으로 작은 케이크 만들기.

작은 케이크이지만 마카롱으로 만들면 더 특별해 보여요.

과일을 준비하고 예쁘게 크림을 모양내어 짜주면 작은 케이크를 만들 수 있어요.

가볍게 즐길 수 있는 귀여운 사이즈에 예쁜 모양까지 감동받지 않을 수 없겠죠?

아이들에게 칭찬할 일이 생겼을 때 작은 마카롱 케이크를 선물해 주세요!

마카롱 케이크 만들기

지름 6cm 정도의 마카롱 코크 2개를 준비해요.

사이즈는 원하는 대로 얼마든지 크고 작게 만들 수 있어요.

과일 몇 가지를 준비하고 마카롱 케이크에 들어갈 크림을 만들어요.

원하는 맛과 취향대로 자유롭게 크림과 과일의 조화를 생각하여 준비하면 좋겠죠.

복숭아와 블루베리, 그리고 크림치즈 버터크림으로 만들어 본 작은 마카롱 케이크.

크림과 과일을 번갈아 순서대로 쌓으면 근사한 마카롱 케이크가 완성된답니다.

+ 크림치즈 버터크림은 p183을 참고하여 만들어 주세요.

컵케이크에 살짝

컵케이크 위에 마카롱 한 개씩 올려주기

마카롱 하나로 특별한 느낌의 컵케이크 완성!

설레이던 마카롱과의 만남

르꼬르동블루 재학 시절 셰프님이 만들어주던 마카롱이 생각나요.
핑크와 화이트 투톤의 마카롱을 만들고 가벼운 크림과 프람보아즈가 들어갔던
마카롱에서는 은은한 스타아니스의 향이 났었어요.
마카롱 반죽을 만들어 굽고 필링을 짜넣고 과일로 장식하는 매 순간순간
참 아름답다고 느꼈던 시간, 플레이팅까지 예쁘게 마친 마카롱 프리젠테이션을 보면서
두근두근 설레었어요.

마카롱 만드는 엄마, 그리고…

가장 든든한 지원군은 항상 아이들이에요. 일과 육아와 제과 공부까지 세 가지를 병행하다보니 어쩔 수 없이 아이들에게 조금은 소홀해지기도 했어요. 아이들이 좀 더 엄마와 시간을 보내고 싶어 할 때마다 내가 지금 뭘 하고 있는 걸까? 라는 회의도 들었지만 엄마가 행복해야 아이들도 행복할 수 있다는 걸 믿었기 때문에 참고 열심히 공부했답니다. 옆에서 엄마의 꿈을 함께 응원한 아이들이 참 고마웠어요.

아이를 위해 만드는 마카롱

유치원이 끝나면 꼭 엄마의 작업 공간에 들르고 싶어하는 아이.
오늘은 무얼 만들었냐며 재잘재잘 떠드는 아이의 손을 잡고 유치원에서 아뜰리에까지
걸어오는 동안은 저에게 하루 중 가장 행복한 시간입니다.
마카롱 클래스 수강생 중에는 아이들이 마카롱을 좋아해서 오셨다는 분들이 많아요.
마카롱이 더 이상 멀게만 느껴지는 디저트가 아니라 아이들에게까지
인기 있는 디저트가 되었다니 참 멋진 일이지요.
직접 만든 마카롱이 아이들이 가장 좋아하는 간식이 된다면 그것만큼 기쁜 일이 또 있을까요?

해피해피 마카롱!

마카롱을 만들기 위해서는 작은 디테일 하나하나가 중요하기에 모든 과정을 상세하게 설명하려고 했어요.
그 동안 공부해온, 또 마카롱 클래스를 진행하며 쌓아온 노하우도 꼼꼼히 적었습니다.
과정을 하나씩 따라하다보면 분명 훌륭한 마카롱을 만들 수 있어요.
좋아서 하는 일만큼 즐거운 건 없다고 하지요. 또 즐기면서 만든 결과물이 더 좋기도 하구요.
열심히, 그리고 즐겁게 마카롱을 만드시길 바래요.
그러면 분명 세상에서 가장 맛있는 나만의 마카롱을 만들 수 있을 거예요. 해피해피 마카롱!